철쭉

이정식 저

월드사이언스
worldscience.co.kr

한국철쭉연구회원 전주철쭉농장 방문기념 사진(93. 5. 2일) (앞줄 중앙 흰모자 : 필자)

머리말

나는 자주 많은 사람들한테 철쭉에 대하여 이런 저런 질문을 받는다. 진달래와 철쭉은 어떻게 다르고, 일본말로 쯔쯔지와 사쯔끼는 어떤 차이가 있으며, 영산홍과 기리시마는‥‥등등. 또한 많은 사람들이 번식법, 병충해 등에 대해서도 자주 묻는다.

이들의 질문에 대하여 대답해 주면서 이에 관한 법전과 같은 서적의 필요성을 느낌에 따라 필자 자신의 지식과 여러 학자들의 연구결과를 종합하여 책으로 엮기로 결심하였다. 오래 전부터의 이 소망이 이제 드디어 아름다운 책이 되어 나왔다. 그 감개무량함은 이루 말할 수 없으며, 계속 수정 · 보완하여 알찬내용을 독자들께 보일 것을 약속한다.

꽃을 싫어하는 사람은 없다고 한다. 그 많은 꽃 중에서 나는 철쭉을 좋아한다. 철쭉(류)은 우리 나라 토질과 기후에 맞는 꽃 중의 꽃이라 할 수 있다. 철쭉은 다른 꽃이 가지지 않은 여러 장점을 가지고 있다.

한국철쭉연구회 회원전 테이프커팅(94.6.3) (정중앙 : 당시 회장 이정식 교수)

첫째, 잎과 줄기가 깨끗하고 꽃이 청결하다. 철쭉은 다른 나무처럼 병과 해충이 많지 않고, 살아나가는 땅이 깨끗한 곳이라는 특성을 가지고 있다. 따라서 이 꽃은 선비에 비교될 수 있는 꽃이다.

둘째, 겸손한 꽃이다. 맑은 공기와 맑은 물 그리고 적당한 그늘에서 잘 자라며 비료도 적게 요구하는 겸손한 꽃이다. 전국 어디서나 잘 자라고 토질이나 환경을 별로 가리지 않는 포용력과 중용을 지키는 겸손한 꽃이다. 철쭉은 유난히도 뿌리가 가늘고 희며, 많은 잔뿌리가 표토에 많이 분포하여 시원하고 축축한 곳에서 잘 자라는 특성이 있다. 그래서 큰 나무 그늘이나 건물에 가리어지면서도 수광이 좋은 곳이면 어디에서나 잘 자란다. 따라서 철쭉은 겸손하고 포용력이 있는 좋은 꽃이다.

우리 나라는 옛날부터 산야에 철쭉이 널리 분포되어 있었고 철쭉은 우리 민족과 애환을 같이하였다. 우리 민족의 철쭉에 대한 관심은 세계 어느 나라 민족보다 각별하다고 하겠다. 세계화가 요구되는 요즈음 한국의 철쭉이 세계에 많이 심겨지고 세계의 철쭉이 한국기후와 토질에 토착화되는 계기가 되었으면 한다.

모쪼록 이 책이 많은 사람들에게 읽혀 철쭉을 좋아하는 사람이 많아졌으면 한다.

끝으로 이 책의 출간에 있어 관심과 격려를 아끼지 않은 주위의 선배제현과 동료분들, 그리고 내 가족들과 시립대 화훼실 학생들의 많은 도움에 감사드리고, 특히 이 책을 출판함에 있어 어려운 여건 속에서도 출혈을 무릅쓰고 과감하게 원색으로 구성해준 (주)월드사이언스 박선진 사장과 교정 · 편집에 심혈을 기울여 준 직원 여러분께 진심으로 감사드린다.

2009년 9월 20일

저자 이정식

철쭉분재 전시회 장면

부회장들과 함께(중앙 : 필자)

서울시립대 화훼연구실 학생들과 함께 (중앙 : 필자)

주요 자생철쭉

산철쭉

겹산철쭉

진달래

서울시립대에서 육성한 서울교배종(Seoul Hybrids)

서울시립대에서 육성한 서울교배종(Seoul Hybrids)

서울시립대에서 육성한 서울교배종(Seoul Hybrids)

주요 재배품종

로스네트(Rosenet)

청랑(淸朗)

오렌지 포피(Orange Poppy)

아베니어(Avenir)

십이장(十二掌)

레드 포피(Red poppy)

레인홀드 앰브로시아(Leinhold Ambrosia)

게이 파리(Gay paree)

국내 육성종(노을 : 필자 육성)

레드 포피(Red poppy)

레인홀드 앰브로시아(Leinhold Ambrosia)

누시오스 가든파티(Nuccio's Garden Party)

잉가(Inga)

주요 재배품종

서울교배종(Seoul Hybrid)

닥터 버그만 칼라(Dr. Bergman Color)

미숀벨(Mission Bell)

레드 뷰티(Red Beauty)

서울교배종

사데라이도

왜진달래 교배종

국내 육성종(화신 : 필자 육성)

아잘레아 교배종

주요 재배품종

리플(Ripple)

화이트 기쉬(White Gish)

철쭉꽃(연핑크색)

브리드 보퀴트(Birde Bouguet)

오렌지 샌더(Orange Sander)

레드 윙(Red Wing)

오키드 플로라(Orchid Flora)

엑스부리(Exbury) 철쭉

철쭉꽃(핑크색)

서울교배종

브리드 보우(Bride bou)

레드 치즈

각종 철쭉류 소개

플라메움 철쭉(Oconee Azalea)
(*R. flammeum*)

아우스트리넘 철쭉(Florida Azalea)
(*R. austrinum*)

아보레스센스 철쭉(Sweet Azalea)
(*R. arborescens*)

바케리 철쭉(Cumberland Azalea)
(*R. bakeri*)

마크로세팔럼 철쭉(Spider Azalea)
(*R. macrosepalum linearifolium*)

프루니폴리움 철쭉(Plum leaf Azalea)
(*R. prunifolium*)

카렌듈라세움 철쭉(Flame Azalea)
(*R. calendulaceum*)

페리크리메노이데스 철쭉(Pinxterbloom Azalea)
(*R. periclymenoidesc nudiflorum*)

캠페리 철쭉(Torch Azalea)
(*R. kaemperi*)

코미야마에 철쭉(Ashitaka Azalea)
(*R. komiyamae*)

냅 힐 교배종 단풍잎(Knap Hill Azalea)

엑스부리 교배종(Exbury Azalea)

상크툼 철쭉(Shrine Azalea) (*R. sanctum*)

낙엽철쭉 교배종

엑스부리 철쭉(세실리) (Cecile)

디렉터 모어랜드(Directeur Moerlands)

프란스 반더봄(Frans van der Bom)

호르트 화이트(Hort, H. Witte)

아이다(Aida)

크리스트렌(Christ. Wren)

페베(Phebe)

퍼실(Persil)

클론다이크(Klondike)

낙엽철쭉 교배종

핑크 딜라이트(Pink Delight)

튜니스(Tunis)

낸시 워터러(Nancy Waterer)

팔라스(Pallas)

화니(Fanny)

골든 선셋(Golden Sunset)

스트러베리 아이스(Strawberry Ice)

루스티카 노르마(Rustica Norma)

실버 슬리퍼(Silver Slipper)

주요 분재철쭉 품종

(　)는 일본명

화유(Hana asobi)

일출(Hinode)

기린(Kirin)

상하(Tokonatsu)

치아중(Chigogasane)

옥홍(Tamabeni)

금성성(Imashoujou)

거농사(Susogonoito)

신작(Kasazukuri)

대내산(Oh uchiyama)

주요 분재철쭉 품종

(　　)는 일본명

금화산(Kinkazan)

쌍회구보(Moroekubo)

상공(Omoinosora)　기린(Kirin)　차화(Konohana)

궁성야(Miyagino)

모설(Kure no yuki)

소정(Komachi)

차 례

화 보 차 례

I. 철쭉류의 분류 (分類)

철쭉류를 재배하고 이용하는 데 있어서 자신이 기른 철쭉류가 정확하게 어느 종(種)에 속하는지를 아는 것은 매우 중요하다.

학자들이 연구한 결과는 항상 어떠한 한 종에 대한 것이기 때문에 다른 종일경우는 전혀 다르다.

따라서 꽃에 대한 전문가가 되려면 그 꽃의 족보와 이름을 정확하게 알아야 된다. 우리 나라 시중에 나와 있는 철쭉류는 재배자나 상인들, 지방에 따라 달리 불려지고 있다, 서초동 꽃가게에서는 영산홍이라 부르고, 전라도 생산지에서는 기리시마라고 부르고 있다. 이래 가지고는 재배자나 이용자 그리고 배우는 학생들한테 혼돈만을 주게 된다. 그래서 학자들은 정확하게 식물 이름을 달아주는 명명법(命名法)과 분류(分類)를 이용하여 이 세상의 식물 개개에게 오직 하나의 이름만을 갖도록 식물이름 족보를 만들게 되었다. 그것이 학명(學名)이며 세계 어느 나라나 공통으로 쓰여지게 된다. 학명은 라틴어화하여 쓰여지며 속명(屬名)+종명(種名)+명명자명(命名者名)으로 구성하여 영어 알파벳으로 표기된다. 예컨대 진달래는 *Rhododendron mucronulatum* Turz. 라는 표기로 전세계에 통용된다. 그러나 각 나라마다 부르는 이름이 달라서 우리 나라에서는 진달래, 미국에서는 Korean rhododendron, 일본에서는 カラムラサシシジ' 라고 부르고 있다. 그런데 우리 나라에서는 이 꽃을 학자나 서적, 식물도감에는 진달래로 쓰여 있지만 시중에서는 참꽃나무 또는 참꽃으로도 불려지고 있다.

그러나 참꽃나무는 제주도에 자생하는 *Rhododendron werichii* Max.가 따로 있는 것이다. 그래서 올바른 이름을 쓴다는 것은 매우 중요하고 식물을 이해하는 데 기본이 되는 것이다. 한편 그 식물의 친척 관계를 유연관계(類緣關係)라고 하여 류별(類別 : classification)이라 하고, 그 이웃간에 같지 않음이 어떤 점이냐 하는 것을 식별(識別 : identification)이라고 하는데 이것이 분류의 기본이 된다.

그 동안 우리 나라는 여러 면에서 서구에 뒤졌었는데, 심지어 철쭉류의 이름을 짓는 거라든가 품종 육종 등에서도 뒤떨어져 있었다. 특히 일제 36년 식민통치중에 붙여진 일본 이름들이 아직도 널리쓰여지고 있는 실정이다. 그러나 해방 후 국내에서는 많은 학자들이 정확하게 우리 나라 이름을 붙이고 체계를 잡아 놓았다. 철쭉류에 대한 분류는 초기에 임학(林學)을 하는 학자들이 이름을 붙여놓았지만 최근에는 자생종(自生種)보다는 육종(育種)된 원예종(園藝種)이 대량으로 쏟아져 나오는 등 신종(新種)과 신품종이 많아 더욱 혼란을 가져오고 있다.

따라서 올바른 분류법은 매우 중요한 의의를 갖고 있다.

1. 철쭉류의 식물학적인 분류와 위치

철쭉류가 지구상의 식물 중 어디에 속해 있느냐를 아는 것은 철쭉을 이해하는 데 있어서 매우 중요하다.

지구상의 육지에 있는 육상식물을 크게 둘로 나누면 종자가 맺히는 종자식물(種子植物)과 포자로 번식하는 포자식물(胞子植物)로 나눌 수 있다. 이들은 뿌리에서 유관속이라는 줄기의 도관 같은 관을 통해서 지상부에 물을 보내는 식물이라 하여 관속식물이라고 하고 있다.

이 관속식물은 포자로 번식되는 양치식물과 열매로 번식되는 종자식물로 나누고, 이 종자식물은 씨앗이 속에 있는 피자식물(속씨식물)과 겉에 있는 나자식물(겉씨식물)로 나눈다. 다시 피자식물은 싹틀때 떡잎이 한 개만 나오는 단자엽식물과 두 개 나오는 쌍자엽식물로, 둘로 나눈다. 한편 꽃잎이 서로 붙어 있는 합판화(合瓣花)와 떨어져 있는 이판화(離瓣花)로 나누는데 철쭉류는 관속식물 · 종자식물 · 피자식물 · 쌍자엽식물 및 합판화에 속하는 족보를 가지고 있다. 식물류는 비슷한 것끼리 묶어가면 계층적으로 묶어 계 (界) · 문(門) · 강(綱) · 목(目) · 과(科) · 속(屬) · 종(種) · 변종(變種) · 품종(品種)으로 하여 계층적으로 나눌 수 있는데 철쭉류는 〈표 I-1〉과 같이 합판화아강 · 진달래목(Ericales) · 진달래과(Ericcaceae), 진달래속(*Rhododendron*)에 속한다. 필자가 명명한 서울이란 백색 진달래는 〈표 I-1〉과 같은 계층족보를 갖는다. 진달래속의 중요한 특징은 자방 상위(子房上位)이고, 열매는 캡슐처럼 달리는 삭과(朔果)이고 꽃밥이 끝구멍으로 터지는 특징을 가지고 있다.

지구상에 철쭉류가 처음 생긴 때는 화석으로 알 수 있는데 약 7,000만년 전인 백악기(Cretaceous period) 때 생겨난 것으로 보고 있다. 따라서 7천만년 동안 진화하면서 여러 종류가 갈라져 나왔다. 진달래목은 50속에 1400종이나 되는 거대한 종류로 구성되었고, 이 중 진달래속은 800종 이상이 지구상에 있다. 이 중에 우리 나라에 자생하는 철쭉류는 16종이 있으며 이 중 8종이 제주도에 자생하고 있다. 그러나 16종 중에는 4종류가 국내 산야에 널리 분포하고 있는데, 진달래 · 산철쭉 · 철쭉꽃나무 · 참꽃나무가 이 종에 속한다. 이 중 진달래 · 산철쭉 · 철쭉꽃나무는 세계적으로 유명한 자생철쭉이고 산철쭉은 세계 철죽품종 육성재료로 널리 이용된 유명한 꽃이다.

〈표 I-1〉 철쭉류의 분류학적인 계층(hierachical system)

문 (門) : 종자식물문
　아문(亞門) : 피자식물아문
　　강(綱) : 쌍자엽식물강
　　　아강(亞綱)): 합판화아강
　　　　목(目): 진달래목
　　　　　과(科) : 진달래 과
　　　　　　속(屬): 진달래속(*Rhododendron*)
　　　　　　　종 (種) : 진달래 (*R. mucronulatum*)
　　　　　　　　변종(蠻種) : 흰진달래 (*R. m*, v. *albiflorum*)
　　　　　　　　　품종(品種) : 서울(*R.m.v.a.* 'Seoul')

II. 철쭉류의 종류 (種類)

같은 것끼리 모아 그룹을 만들어 이름을 붙이는 것은 그 식물의 종류를 이해하는 데 있어서 중요하다. 전술한 철쭉류의 분류학적 위치에서 언급하였지만 분류학의 기본단위인 종(種)끼리 모아 같은 특성을 가진 계 (系 ; series)와 한 단위인 절(節 ; section)로, 또는 여러 속을 모아 족(族 ; tribus)으로 분류하기도 하여 식물연구에 편리하도록 하였다.

보통의 원예서적에서는 품종→변종→종→속→과와 같은 일반사항은 잘 언급되었지만 절이나 족에 대한 언급은 분류학문 서적 외에는 없다. 따라서 이들도 잘 이해하면 정확한 특성을 이해하여 연구에 큰 도움이 된다.

식물의 분류군의 계통을 요약하면 〈표 II-1〉과 같다.

여기서 알아둘 사항중 계(series) · 절(section) · 족(tribus)의 위치를 정확하게 이해할 필요가 있다.

예를 들면 *Crisium maackii* var. *spinosissima* for. *alba*(흰가시엉겅퀴)는 국화과 엉겅퀴속이지만 엉겅퀴계 (Japonica series) · 다년생 엉겅퀴절(Onotrophe section) · 후두족(厚頭族: Cynareae tribus)에 속한다(〈표 II-1〉 참조).

〈표 II-1〉 흰가시엉겅퀴의 족 · 절 · 계의 위치

divisio : Angiospermae ………………… 피자식물문(被子植物門)

classis : Dicotyledoneae ……………… 쌍자엽식물강(雙子葉植物綱)

subclassis : Metachlamydeae …………… 국화아강(菊花亞綱)

ordo : Asterales ……………………… 국화목 (菊花目)

familia : Compositae …………………… 국화과(菊刻)

subfamilia : Asteroideae ……………… 국화아과(菊花亞科)

tribus : Cynareae ……………………… 후두족(厚頭族)

genus : Cirsium ………………………… 엉컹퀴속(屬)

sectio : Onotrophe …………………… 다년생 (多年生) 엉겅퀴절(節)

subsectio : Sinocirsium ………………… 엉겅퀴아절(亞節)

series : Japonica ……………………… 엉겅퀴계(系)

species : C. *maackii* M. ………………… 엉겅퀴

varietas : var. *spinosissima* K ………… 가시엉겅퀴

For. : for. *alba* T. Lee ………………… 흰가시엉겅퀴

clone …………………………………… 개체(個體)

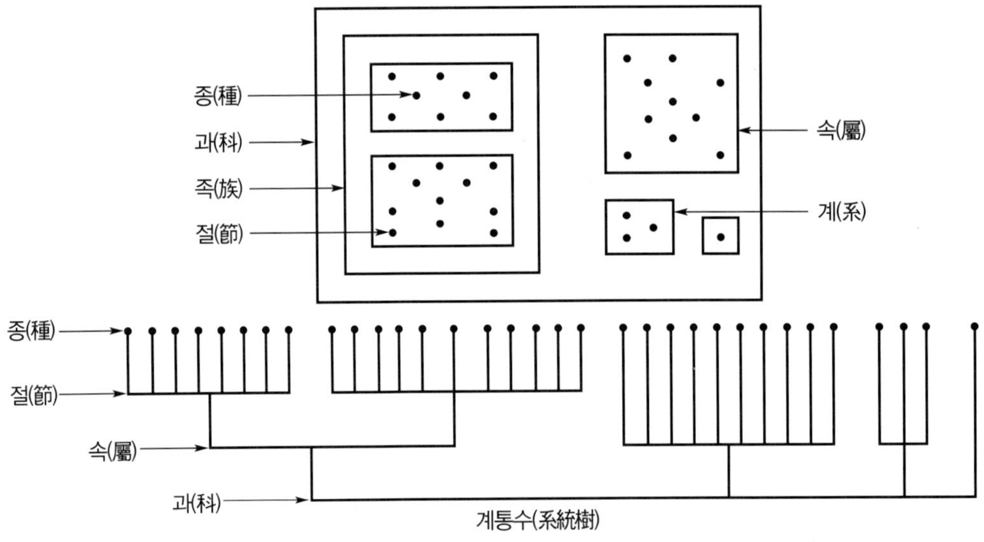

〈그림 II-1〉 분류군의 계통수(dendrogram)

이들의 계통도를 보면 〈그림 II-1〉과 같이 계 · 절 · 족의 위치를 알 수 있다.

철쭉속(*Rhododendron*)은 700종이나 되는 거대한 종(種)을 가지고 있기 때문에 이들의 특성을 이해 하는 데는 계(系 ; series) 또는 절(節 ; section)을 이해 하는 것이 무엇보다 중요하다.

이러한 계나 절의 분류는 세포학 · 식물해부학 · 식물생화학에 근거를 두고 있다.

필립손(Phillipson W. R.)교수는 식물학적으로 다음의 7절(節)로 나누었다. 여기에 진달래가 속한 다우리쿰절을 포함하여 8절로 나눌 수 있다.

(1) 펜탄테라절(Pentanthera)

루테움아계(luteum)를 포함한 그룹의 낙엽철쭉류로서 두 그룹으로 나눈다.

① A그룹: *R. alabamense, arborescens, atlanticum, austrinum, bakeri, calendulaceum, canescens, periclymenoides(nudiflorum), oblongiflolium, occidentale, prunifolium, prinophyllum(roseum), serrulatum, fammeum(speciosum), viscosum*이 여기에 속한다.

② B그룹: *R. japonicum, molle, luteum*이 여기에 속한다. 우리 나라에 많이 이용하는 황(홍)철쭉은 이 절에 속한다.

(2) 로도라절(Rhodora)

카나덴스(canadense)아계를 포함하며, *R. canadense, vaseyi*가 여기에 속한다.

(3) 비시듈라절(Viscidula)

니포니쿰아계로써, 오직 *R. nipponicum* 한 종만 포함한다.

(4) 시아도르호디온절(Sciadorhodion)

슈리펜바키아계에 속하며 낙엽성으로, *R. pentaphyllum, olbrechtii, schlippenbachii, quinquefolium* 등 4종이 포함된다. 국내 자생하는 철쭉꽃나무(*R.schlippenbachii*)는 이 절에 속한다.

(5) 쯔쯔지절(Tsutsutsi)

오브투섬아계로서 상록성이다. *R. indicum, kaempferi, kiusianum, komiyamae, macrosepalum, microphytum, nakanarai, obtusum, oldhami, yedoense, yedoense* var. *poukhanense, ripense, rubropilosum, saisiuense, scabrum, serpyllifolium, simsii, tosaense, tschonoskii, tsusiophyllum, otakumii*(*yakuinsulare*)가 포함된다.

국내의 정원에 많이 심겨지는 산철쭉 · 왜진달래 · 왜철쭉 · 대만철쭉이 여기에 속한다. 우리 나라에서 제일 많이 이용되고 있고, 육종재료로도 많이 이용되고 있다. 필자의 연구에 의하면 이절에 속하는 많은 종이 교배 임성(稔性)이 있었다.

(6) 타시로이절(Tashiroi)

일본 류구열도에 자생하는 *R.tashiro* 1종이 이 절에 속한다.

(7) 브라키칼릭스절(Brachycalyx)

화레라에 (Farrerae)아계로써, *R. amagianum, farrerae, mariesii, nudipes, reticulatum, sanctum, weyrichii*가 이 절에 속하며 제주참꽃나무가 여기에 속한다.

(8) 다우리쿰절 (Dauricum)

로도라스트라아절에 속하는 *R. mucronulatum*이 여기에 속한다.

우리 나라에 많은 진달래가 이 절에 속한다.

이상의 각 절이 같은 것은 재배, 교배, 번식, 화색의 범위, 화형이 비슷한 특징을 가지고 있다.

이러한 절의 분류는 도입종인 경우 시험을 거쳐 포함시키게 된다. 예컨대 *obtusum*아계에 베트남 자생종인 *R. anamense*에서 도입하여 포함시켰으며, *R. rivulare, lasiostylum, sakai*는 대만에서, *R. subsessile*는 필리핀 루손섬에서, *R. atrovirens*와 *rufohirtum*은 중국에서 도입하여 분류하였다.

이러한 분류는 학자에 따라 다른데 슬루머 박사(H.S.Slumer)는 1949년과 1980년에 2회에 걸쳐 철쭉류를 다음과 같이 분류하였다.

(1) 로도덴드론(Rhododendron)아속

상록성이며, 잎 뒷면에 인편(鱗片)(간혹 윗면도 보임)이 있고, 꽃은 정부(頂部 ; 가지 끝)에 핀다. 이 아속(亞屬)에는 다음 3절이 포함된다.

① 로도덴드론절: 전연(全緣 ; 잎 가장자리가 둥근 모양)이며 10개 수술로 되어 있다. 예: *R. ferrugineum*

② 포고난덤절(Pogonanthum): 인편(잎 표면에 돌출된 작은 돌기)의 잎에 잎 끝이 열상(裂狀; 갈라진 상태)으로써 5~10개의 수술이 있다. 예 : *R. anthopogon*

③ 비레야절(Vireya): 잎에 인편이 있고 잎 끝이 열상이며, 열매 끝에 꼬리 같은 부속물이 있다. 예 : Lectotype *R. javanicum*

(2) 슈도잘레아(Pseudozalea)아속

낙엽성으로 잎이 나오기 전에 꽃이 먼저 피며 인편상(鱗片狀)이다. 예 : *R. tricocladum*

(3) 히메난데스(Hymenanthes)아속

상록성으로 인편엽이며 정부에 꽃눈이 붙는다. 새 가지는 전년도 엽액(葉腋 ; 식물의 가지나 줄기에 잎이 붙은 자리)에서 나온다. 예 : *R.metternichii*

(4) 펜탄데라(Pentanthera)아속

낙엽성에 인편이 없고, 종 모양의 꽃에 5~10개 수술이 있다. 예 : *R. nudiflorum*

① 펜탄데라절: 종 모양의 꽃에 5개의 수술이 있다. 예 : *R. luteum*

② 로도라절(Rhodora): 꽃잎이 종 모양으로 출엽(出葉)전 꽃이 피며, 7~10개의 수술이 있다. 예: *R. canadensis*

③ 비시듈라절(Viscidula): 꽃잎이 관상(管狀 ; 대통과 같은 형상)의 종 모양이며, 수술이 짧고 10개가 있다. 출엽 전 또는 같이 꽃이 핀다. 예 : *R. nipponicum*

④ 스키아도로디온절(Sciadorhodion): 가지 끝에 윤상(輪狀 ; 바퀴 모양)으로 5개의 잎이 달렸으며, 수술은 10개이다. 예 : *R. schlippenbachii*

(5) 쯔쯔지 (Tsutsutsi)아속

상록 또는 낙엽성이며 인편(lepidote)이 없고, 정아(頂芽 ; 가지 끝에 생기는 눈)에 꽃이 핀다. 잎은 정아의 윤상엽 액아(腋芽 ; 정아보다 아래쪽에 생기는 눈)에서 새 가지가 나온다. 수술은 5~10개이다. 예 : *R. indicum*

① 쯔쯔지절(tsutsutsi): 동계 상록 또는 낙엽이며, 종종 같은 종(種)이라도 다른 형태일 경우가 있다. 강모(剛毛) 등 털이 줄기와 잎에 많다. 예 : *R. obtusum, R. yedoense, R. simsii*

② 타시로이절(tashiroi): 가지 끝에 2~3개 잎이 윤상으로 붙고 상록성이며, 꽃잎은 종 모양이다. 예 : *R. tashiroi*

③ 브라키칼릭스절(brachycalyx): 가지 끝에 2~3개의 잎이 윤상으로 붙고 낙엽성이며, 꽃잎은 윤상의 종 모양이다. 예 : *R. farrerae, R. weyrichii*

(6) 로도라스트럼(Rhodorastrum)아속

동계 낙엽 또는 반상록으로 잎에 인편이 있고, 꽃은 측생(側生 ; 가지 옆에 생김)하며, 꽃 아랫잎에서 새 가지가 나온다. 예 : *R. dauricum*

(7) 아잘레아스트럼(Azaleastrum)아속

동계 낙엽 또는 상록성으로써 인편이 없고, 꽃은 측생(側生 ; 가지 옆에 생김)하며, 꽃 아랫잎에서 새 가지가 나온다. 예 : *R. dauricum*

(8) 슈도로도라스트럼 (Pseudorhodorastrum)아속

상록성으로 인편이 있으며, 꽃은 측생한다. 아랫잎 또는 위정아로부터 새 가지가 나온다. 예 : *R. virgatum*

III.
진달래과 (철쭉과)의 분포와 특성

진달래과(철쭉과)에 속하는 식물은 대단히 많다. 진달래과에 속하는 속(屬)수는 약 100여개에 종수가 3000여종에 이르는 대집단이다.

100여속 중에 *Rhododendron*속을 우리는 일반적으로 철쭉류 또는 철쭉이라고 부르고 있다. 영어로는 azalea와 rhododendron을 구별하는데 우리는 전자를 철쭉류라 하고 후자를 만병초(萬病草)라 하여 구분하고 있다. 그러나 이들 모두 학명으로는 같은 *Rhododendron*속이다. 만병초와 철쭉류는 생육 및 재배에서 많은 차이가 나는데 이 책에서는 철쭉류만 취급하도록 하겠다. 철쭉류에는 진달래를 포함한 많은 철쭉종류가 포함하고 있다.

(1) 분포

전세계에 고루 분포하고 있으며 특히 산성토양에서 집단으로 자라는데, 온대에서는 황무지 · 습지 또는 경사지에서 자라며 열대와 북극 산악지대에서도 자란다. 국내 진달래과에 속하는 자생식물은 9속 28종이 있다. 전세계에서 *Rhododendron*속은 1200여종이나 있는데 북반구의 온대에서 북극까지 그리고 열대 산악지대에도 분포하는 큰 속으로 아시아에는 중국 운남성과 사천성에서 히말라야 동부까지 분포하고 선다열도(Sunda), 뉴기니아를 거쳐 호주와 유럽 · 북미까지 분포한다. 우리 나라는 진

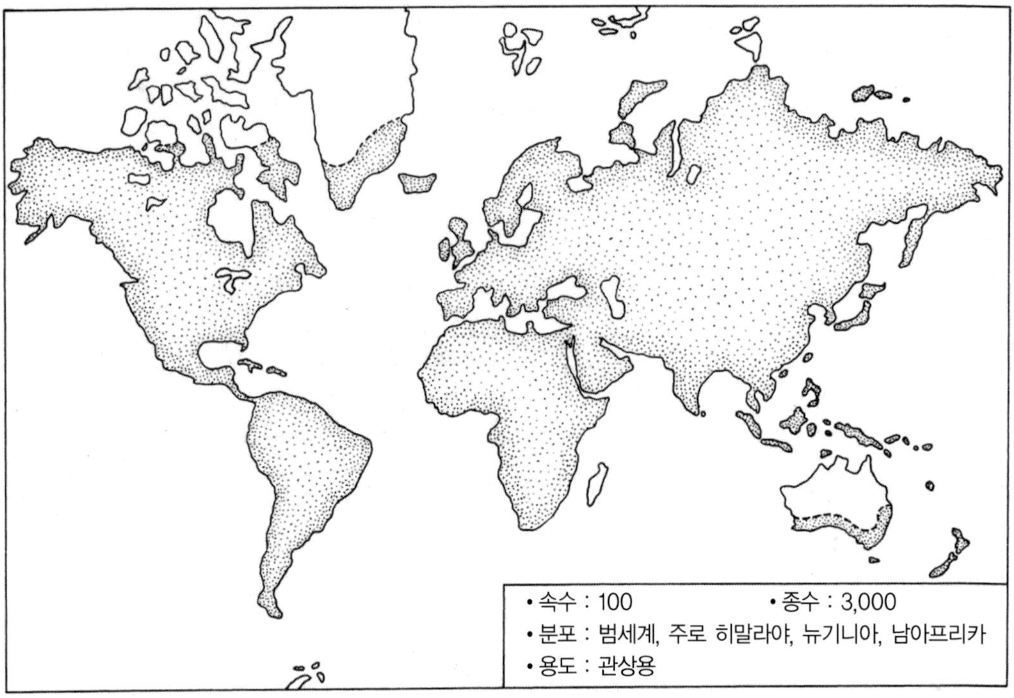

〈그림 III-1〉 철쭉과(진달래과)의 분포

달래 · 산철쭉 · 철쭉꽃나무가 광범위하게 자라고 있다. 이 중 700여 종이 중국 히말라야 등 동아시아에, 300여 종이 뉴기니아에 집단적으로 분포하고 있다.

철쭉과의 진달래속은 다음과 같은 검색표에 의해 구별할 수 있다.

① 자방 상위 (子房上位)이다.

② 열매는 삭과(蒴果)이다.

③ 열매는 포간열개(胞間裂開)한다.

④ 화관(花冠)은 이생(離生)한다 - 백산차(*Ledum palustre*).

⑤ 화관(花冠)은 합생(合生)한다.

⑥ 꽃밥은 끝에서 구멍으로 터진다 - 진달래속(*Rhododendron*).

⑦ 꽃밥은 세로로 터진다 - 가솔송(*Phyllodoce coerulea*).

IV. 철쭉류의 종류별 특징

겨울 동안 잎이 있느냐 없느냐에 따라 상록철쭉과 낙엽철쭉으로 나누고, 크기가 작으냐 크냐에 따라 관목(灌木)과 교목(喬木)으로 나눈다. 키는 20m에서 10cm까지 매우 다양하지만 대체로 50~60cm의 관목으로 되어 있다. 우리 나라에는 16종의 자생종이 자생하지만 외국에는 대단히 많은 철쭉류가 종간교배 (種間交配)되어 육성되고 있다.

1. 자생철쭉류

우리 나라는 원래 진달래 · 산철쭉 · 철쭉꽃나무 등 철쭉류의 자생국으로써 전세계적으로 중요한 철쭉류의 유전자 중심지이다. 필자는 이들의 유전현상과 품종개량에 대한 연구를 계속하고 있다.

주요 자생철쭉류는 다음과 같다.

(1) 진달래 (*Rhododendron mucronulatum* T. 아속 : Rhododendron, 아절: Rhodorastra)

북한을 포함한 전국토에 가장 널리 자생하는 철쭉류로서 옛날부터 우리 나라 국민들의 가슴 속에 깊이 새겨져 있는 꽃이다. 화전놀이(진달래 꽃잎으로 전을 붙여 먹으며 놀던 민속놀이), 진달래주(진달래로 만든 술)는 고려시대 기록에도 있다. 따라서 먹을 수 있는 진짜 꽃이라 하여 참꽃나무로 불리기도 한다.

산야의 양지 바른 곳에 자라는 낙엽철쭉류로써 높이가 2~3m까지 자란다.

잔가지가 많으며 잔가지는 연한 갈색으로 인편이 있다. 나무껍질은 잿빛 밤색이며, 잎은 어긋나고(互生) 타원상 피침형[楕圓狀被針形 ; 타원형 형태의 바소(종기 등 곪은 데를 째는 침)와 같은 모양]또는 도피침형 (倒被針形 ; 창 끝을 거꾸로 세운 모양)이 며 , 잎 끝은 첨두(尖頭 ; 뾰족한 머리) 또는 점첨두(點尖頭)이고, 엽저(葉底; 잎의 밑쪽)는 예저(銳底 ; 밑 쪽이 날카로운 것)이며 엽연(葉緣 ; 잎 가장자리)은 거치 (鋸齒 ; 톱니)가 없다. 잎 표면에는 인편(잎 표면에 돌출된 작은 돌기)이 약간만 있지만 뒷면에는 인편이 많이 분포되어 있다.

꽃은 철쭉류 중 가장 일찍 피는데 잎이 나오기 전 4월 상순에 핀다. 해에 따라서는 3월 말에 피기도 한다. 최근 온난화로 인하여 개화가 빨라지고 있다. 화관(花冠; 꽃부리)은 깔대기 모양이고 자홍색 또는 연한 홍색이며 곁에는 잔털이 있다.

잎은 4~7cm길이에 폭이 1.5~2.5cm로서 톱니가 없으며, 엽병(葉柄 ; 엽신과 줄기 사이에 위치한 자루 모양의 부위-잎자루)은 6~10mm정도 된다. 꽃은 가지 끝의 측아(側芽)에서 1개씩 나오지만 2~5개가 모여 달리기도 하는데 꽃 직경은 3~4.5cm이다. 수술은 10개인데 수술대 기부(基部)에 털이 있고, 암술은 수술보다 길다. 열매는 2cm정도 크기로 원통형이며 10월에 익는다. 변이종으로는 백색꽃이 피는 흰진달래, 소지(小枝 ; 잔가지)와 잎에 털이 있는 털진달래, 잎이 넓은 타원형 또는 원형인 왕진달래, 잎 표면에 광택이 있고 양면에 사마귀 같은 돌기가 있는 반들진달래, 열매가 보다 가늘고 긴 한라산 진달래가 있다.

(2) 산철쭉(*R. yedoense* var. *poukhanense* N 아속 : Anthrodendron, 절 : Tsutsutsi)

함경 북도를 제외한 전국에 자생한다.

산지의 비교적 습한 곳에 자라는 낙엽관목으로 키는 1~2m정도 자란다. 잔가지에는 갈색 털이 있으며, 어린 가지와 화경 (花梗 ; 꽃이 달리는 짧은 가지 = 꽃꼭지)에 점성(粘性)이 있는데 여기엔 독이 있다.

따라서 진달래는 먹을 수 있는 진짜 꽃이라 하여 참꽃이라 하지만 이 꽃은 먹을 수 없다 하여 개꽃나무 또는 개참꽃나무라고도 한다. 잎은 호생(互生 ; 잎이 어긋나게 붙는 것) 또는 대생(對生 ; 잎이 마디마다 두 개씩 마주 붙는 것)하며 길이가 3~8cm, 너비가 1~3cm로써 좁은 장타원형 또는 넓은 도피침형이며, 양 끝이 좁고 거치가 없는데 잎의 양면에 갈색 털이 누워 있다. 특히 잎맥 위에 갈색 털이 밀생 (密生 ; 빈틈없이 빽빽하게 남)하며 엽병은 1~5mm로서 갈색 털이 많다. 화고(花高)는 7~10mm로서 갈색 털이 있고 가지 끝에 2~3개씩 달린다. 꽃받침은 5개로 갈라지고 갈색 털이 있으며 잎은 좁은 난형(卵形)이고 길이는 4~8mm이다. 화관은 연한 홍자색으로 지름 5~6cm로서 깔대기 모양이고 4개로 갈라지는데 내면 윗부분에 작은 반점이 있다. 수술은 10개이며 길이는 서로 같지 않다. 암술대는 수술대보다 길며 수술대 하반부에는 모상(毛狀)의 돌기가 있고 꽃밥은 자주빛이 들며 암술대는 털이 없거나 기부에 복모(伏毛)가 있다. 열매는 삭과로써 10월에 익는데 난형이고 길이 8~10mm로서 긴 털이 있다. 기본 종은 겹산철쭉(*R. yedoense*)으로 되어 있으나 필자의 생각으로는 산철쭉에서 생긴 변이종으로 생 각된다.

백색꽃이 피는 흰산철쭉은 산철쭉의 자연상태에서 발견된 우리 나라 대표 철쭉으로써 영명으로 Korean azalea라고 불리며 Rehd씨는 학명을 *R. coreanum* R.로 붙이기도 했었다. 국내 자생철쭉 유전자원으로 교배모본(交配母本) 등에 가장 많이 쓰여지고 있다.

(3) 겹산철쭉(*R. yedoense* M.)

양지 바른 산에 자라는 반상록 관목으로 1~2m크기로 자란다. 산철쭉에서 생긴 겹꽃 변종으로 생각되지만 학명은 산철쭉(홑꽃)의 기본종으로 되어 있다. 이에 대한 구명 연구도 필요하리라 본다.

어린 가지에는 누운 털이 있고 아린(芽鱗)에는 점성의 물질이 분비된다. 잎은 가지 끝에 모여 호생하고 도란형(倒卵形 ; 달걀을 거꾸로 세운 형상)이다. 한편 잎 양면에는 강모가 있다. 꽃은 4월에 가지 끝에 피는데 2~3개의 보라빛이 나는 붉은 색으로 완전 겹꽃이 핀다. 꽃받침은 장란형(長卵形)이고 화관은 안쪽에 진한 붉은 색 반점이 있다.

수술은 10개이고 암술은 1개로서 열매는 난형이지만 잘 맺히지 않는다. 서울 지방에서는 삽목하여 정원에 많이 심는데, 꽃이 질 때 꽃이 썩는 등 보기가 흉해 산철쭉만큼 관상가치가 높지 못하다.

외국에선 산철쭉의 한 품종으로 요도가와철쭉이라고 불리기도 하며 북한에선 두봉화라고 한다.

(4) 철쭉꽃나무(*R. schlippenbachii* M. 아속 : Pentanthera, 절 : Sciadorhodion)

주로 산기슭의 나무 숲속에서 자라는 낙엽관목으로 높이가 2~5m이며, 수피가 밤색 또는 밤빛 회색이다.

어린 가지는 선모(腺毛)가 있으나 곧 없어지며 회갈색으로 된다. 잎은 호생하지만 가지 끝에는 4~5개씩 총생(叢生 ; 더부룩하게 무더기로 남)한다. 잎 모양은 도란형 또는 넓은 도란형으로 잎 끝은 원두(圓頭 ; 둥그스름한 형태의 머리) 또는 미요두(微凹頭 ; 머리부분이 볼록하면서 가운데 부분이 약간 오목한 모양)이며, 기부는 예저(銳底)이고, 길이는 5~10cm로 매우 큰 잎을 가지고 있다.

표면은 녹색으로 털이 있으나 점차 없어지며, 뒷면은 연한 녹색이다. 엽맥 위에 털이 있으며 가장자리가 밋밋하다. 꽃은 5월경에 3~7개씩 가지 끝에 우산모양의 꽃이 차례로 달리는데, 잎이 나오기 전에 피거나 또는 같이 피기도 하며 향기가 있고 연한 붉은 색이 도는 흰색이다. 꽃받침은 난형이며 길이 5mm로써 소화경(小花梗 ; 큰 꽃자루에서 각각 갈라져 나온 작은 꽃자루)과 함께 선모가 있다. 화관은 종 모양으로 5갈래로 갈라지며 안쪽에 진한 보라색 붉은 점이 있다. 수술은 10개인데 그 중 5개는 길고 5개는 짧으며 암술은 1개이다.

열매는 긴 타원상 난원형이며, 길이 1.5cm로써 선모가 있고 10월에 익는다.

백색 꽃은 자연상태에서 발견된 한 품종으로 흰철쭉이라고 불린다. 이 꽃은 1854년 슈리펜바키가 한국에서 발견한 꽃으로 영명으로는 royal azalea라 부른다.

간혹 철쭉꽃 또는 철쭉이라고 불리기도 하지만 옳은 말이 아닌 속어이다.

(5) 참꽃나무(*R. weyrichii* M. 아속 : Pentanthera, 절 : Brachycalyx)

제주도 한라산, 전남 및 경남에 자라는 낙엽관목으로 3~6m정도 크게 자라고, 어린 가지에는 갈색 털이 있으나 성장하면서 없어지며 일본에도 분포한다. 잎은 호생 또는 대생하며 가지 끝에는 2~3개씩 달린다. 잎 길이는 3.5~8cm이며, 잎 끝은 예두(銳頭 ; 뾰족한 머리) 또는 둔두(鈍頭 ; 밋밋한 머리)이고, 엽저는 예저 또는 원저(圓底 ; 밑쪽이 둥그스름한 것)이며, 엽연은 톱니가 없다.

잎 양면에는 털이 있으나 나중에 없어지지만 뒷면 맥 위에는 털이 남는다. 꽃은 잎과 더불어 5월에 피며, 화관은 깔때기 모양으로 연한 홍색이다. 화경 · 꽃받침 및 자방에는 갈색 털이 밀생하나 암술대와 수술대에는 털이 없다.

열매는 삭과로써 장타원형이며 9월에 익고, 길이는 1~2cm쯤 된다. 암술대 기부에 진갈색 털이 있는 것을 털참꽃나무라고 하며 한라산에 자란다.

(6) 산진달래 (*R. dauricum* L. 아속 : Rhododendron, 아절 : Rhodorastra)

제주도, 금강산 및 북부 고산지대에서 자라는 상록관목으로 추운 곳에서는 일부 잎만 붙어 있을 때도 있다. 높이는 1~2m로서 가지가 많으며, 소지에는 인편이 있다. 잎은 호생하며 길이 1~5cm, 너비 1~1.5cm로서 피침상 타원형이며, 둔두 또는 첨두이고, 예저 또는 원저이며 거치(톱니)가 없다.

잎의 뒷면은 연한 갈색으로서 인편이 밀생하고 맥 위에 잔털이 있다. 꽃은 4월에 피며 가지 끝의 측아에서 나오고, 밑 부분에 아린(芽鱗 ; 겨울눈-冬芽-을 싸고, 뒤에 꽃이나 잎이 될 부분을 보호하는 인편)이 남아 있다. 화관은 지름3~4cm의 벌어진 깔대기 모양으로 자적색이며 가장자리가 파상(波狀)이다.

수술은 10개이고 수술대 기부에 털이 있으며 암술대보다 짧고, 열매는 긴 타원형이다.

(7) 흰참꽃(*R. tschonoskii* M.)

지리산 및 가야산 산정 바위틈에 50cm정도 자라는 낙엽 소관목으로 어린 가지에 털이 많은 나무로써 흰 꽃이 피기 때문에 이름은 흰참꽃으로 붙인 것이다, 잎은 길이 0.5~3cm, 너비 0.4~1.2cm로서 가장자리에는 톱니가 없고, 표면에 복모(伏毛)가 있으며, 뒷면에는 복모와 더불어 연모(緣毛)가 있다.

꽃은 5월에 피는데 깔때기 모양으로 직경이 0.7~0.8cm정도 된다. 꽃받침과 화경(花梗)에 흰색털이 있다. 진달래는 수술이 10개이지만 이 꽃은 수술이 4개이다.

열매는 삭과로서 난형이며, 길이 0.5cm로서 9월에 익는다. 잎은 가을에 황적색 단풍으로 물든다.

(8) 황산차(*R. parvifolium* A.)

북부 고산지대의 습지 또는 경사지에 1~1.5m 크기로 자라는 상록관목으로 어린 가지에는 인모(鱗毛)가 있다.

잎은 호생하고 혁질(革質)이며 타원형 · 긴 타원형 또는 피침형이다. 줄기는 모여서 나고 곧게 서며 껍질은 검은 재색이다. 잔가지는 녹색 또는 잿빛 밤색이다.

꽃은 5~6월에 피는데 가지 끝에 2~5개가 우산 모양으로 달리며 밑부분에 아린이 남아 있다. 꽃받침 엽편(葉片)은 난형 또는 긴 난형이며 둔두이고 길이는 1~2mm쯤 되며 인편이 있다. 화관은 지름 1.5~2cm의 넓은 깔대기 모양으로써 5개로 깊게 갈라지며, 화색은 자홍색이다. 수술은 10개로써 화관보다 약간 짧고 기부에 털이 있다. 암술대는 수술보다 길며 열매는 난형이다. 백색꽃이 피는 것도 있는데 이 것을 흰황산차라고 한다.

(9) 꼬리진달래 (*R. micranthum* T.)

경북 · 충북 · 강원도에 자라는 높이 1~2m의 상록관목으로 1마디에 2~3개의 가지가 나온다. 잔털과 인편이 있고 2년생 가지는 갈색이 된다. 잎은 길이 2~3.5cm로써 타원형 또는 도란상 타원형이며 가장자리에 거치가 없다. 표면은 녹색이고 흰 점이 있으며 뒷면은 갈색 인편이 밀생한다.

총상화서(總狀花序 ; 무한으로 꽃이 배열된 상태)에 20개 정도의 꽃이 달린다. 화색은 흰색으로 5~7월에 피고, 열매는 삭과이며 장타원형으로 9~10월에 익는다.

〈표 IV-1〉 국내 주요 자생철쭉류(*Rhododendron*)의 종류와 주요 특성

종류	학명	개화기 (잎과 꽃의 전개)	꽃의 크기 (직경cm) 화색	구분 (수고 m)	변종	자생지
진달래	*R. mucronulatum* T.	3하순~4상순 (꽃먼저)	3~4.5 자홍색	낙엽 (I~2)	흰진달래 털진달래 왕진달래 반들진달래 한라산진달래	전국
산철쭉	*R. yedoense* var . *poukhanense* N .	4하순~5상순 (꽃과 잎 동시)	5-6 홍자색	반상록 (I~2)	겹산철쭉 흰산철쭉	전국
철쭉 꽃나무	*R. sclippenbachii* M.	5월 (꽃과 잎 동시)	5~8 연홍색	낙엽 (I~2)	흰철쭉	전국
참꽃나무	*R. werychii* M.	5월 (꽃과 잎 동시)	3.5~6 적색	낙엽 (3~6)	털참꽃나무	제주
황산차	*R. parvifolium* A.	5~6월	1.5~2 홍자색	상록 (1~ 1.5)	흰황산차	북부 고산지대
꼬리 진달래	*R. micranthun* T.	6~7월	1 백색	반상록 (0.5~2)	-	경북 · 충북 강원
산진달래	*R. dauricum* L.	4월	3~4 자적색	상록 (I~2)	-	제주 · 금강산 북부지 방
흰참꽃	*R. tschonoskii* M.	5월	0.7~O.8 백색	낙엽 (0.5)	-	지리산 가야산
좀참꽃	*R. redowskianum* M.	6~7월	2 홍색	상녹 (0.1)	-	백두산

(10) 기타

만병초(*R. brachycarpum* D. Don)는 지리산 · 울릉도 · 강원도 및 북부지방에서 자라는 상록관목으로 높이가 4m까지 자란다. 영어로 rhododendron이란 만병초를 말하고, azalea는 철쭉류라 하여 구분하고 있다. 잎은 호생하고 가지 끝에서 5~7개가 총생하는데, 타원형 또는 타원상 피침형이며 둔두예저로서 길이 8~20cm, 너비 2~5cm이다. 표면은 짙은 녹색이며 주름살이 있다. 뒷면은 회갈색 또는 연한 갈색이 밀생한다. 꽃은 7월에 피는데 가지 끝에 10~20개가 달리며 깔때기 모양이고, 화색은 백색 또는 연한 황색이며 안쪽 윗면에 녹색 반점이 있다. 수술은 10개로 길이가 서로 다르고 수술대 기부에 털이 있으며, 자방엔 갈색 털이 밀생한다.

열매는 삭과로써 9월에 익는다. 홍색꽃이 피는 변종도 있는데 이것을 홍만병초라 부른다.

한편 백두산지역에 키가 10cm밖에 안되는 좀참꽃(*R. redowskianum* M.)도 있다.

기타 오래 전부터 국내 들어와 귀화된 왜철쭉(다른 이름 : 영산홍) · 왜진달래 · 눈철쭉 · 아잘레아 등이 있고, 각종 교잡종들이 있다.

이상의 주요 자생 철쭉을 〈표 Ⅳ-1〉로 요약하였다.

2. 도입철쭉류

가. 낙엽철쭉류

아계 (亞系 ; subseries)로 Luteum, Canadense, Nipponicum, Schlippenbachii, Farrerae 등 5 아계로 나눈다.

(1) Luteum아계 (Pentanthera절)

3종(*R. japonicum, R. molle, R. luteum*)은 북미에 자생하고, 기타 *R. canadense, R. vaseyi* 등도 포함된다.

화색이 다양하여 백색~황색, 적색, 자색, 핑크색이고 잎에 털이 많다. 주요계통에는 다음 종이 있다.

① 폰티카철쭉 : *R. luteum* S. (*R. flavum, A. pontica*), 영명 : pontic azalea

동유럽 코카사스 북동유럽의 리투아니아와 폴란드에 자생한다. 향기가 있고 관형(管形 ; tubular)으로 황색이다. 교배철쭉 중 ghent azalea의 모본으로 유명하며, Exbury나 Knaphill 중 삽목이 어려운 종류의 접목시 대목으로 많이 쓰인다.

② 황철쭉 : *R. japonicum*(A. Gray) S. 영명 : Japanese azalea

처음에는 *R. molle*(또는 *R. sinensis*)로 잘못 불렸으나 1978 년 국제철쭉회의에서 *R. japonicum*으로 결정 하였다.

일본의 혼슈 · 규슈와 시고꾸섬에 자생한다. 고산(해발 100m 쯤)의 이끼가 있는 습지에 자생한다. 4m까지 자라는 낙엽관목으로 5월 중순경에 황색 또는 홍색의 꽃이 핀다. 홍색꽃을 홍철쭉이라고도 불려지나 이는 황철쭉의 홍색 나는 한 품종에 불과하다. 국내에서는 재배가 그리 많지 않은데 그 이유는 내서성이 약하여 여름 무더위에 많이 죽고 건조에 약하기 때문이다. 내한성은 강한 편이다. 삽목번식이 어 려운 편으로 실생 번식을 주로 한다.

③ 몰철쭉 : *R. molle* (*R. sinensis* 와는 동의어) , 영명 : sheep azalea

중국 동부와 중부에 자생한다. 남부 광동과 후지안, 장지앙계곡에 많다. 1.2~1.8m쯤 자라는 관목으로 줄기나 꽃눈 등에 털이 많다. 깔때기형의 꽃에 황색꽃이 핀다.

황철쭉과 다른 점은 잎의 융털이 다르고, 꽃이 좀더 작으며 황색꽃이 핀다. 최근에는 후술하는 교배종이 대부분이다.

④ 바세이철쭉 : *R. vaseyi* A . 영명 : pinkshell azalea

5m까지 자라는 키 큰 관목으로 미국 노스캘로라이나주의 해발1,000m~1,800m산에서 발견되었다. 출엽(出葉) 전에 관형 또는 종형(鐘形)의 핑크~자홍색 꽃이 핀다. 7개의 크기가 같지 않은 수술이 있는데 간혹 5~6개가 되기도 한다.

(2) 슈리펜바키 (Schlippenbachii)아계 (Sciadorhodion절)

① 철쭉꽃나무 → 자생철쭉항 참조

(3) 화레라에 (Farrerae)아계 (Brachycalyx절)

① 참꽃나무 → 자생철쭉항 참조

(4) 다우리쿰(Dauricum)계 (Rhodorastrum아속)

① 진달래 → 자생철쭉항 참조

나. 낙엽성 교배철쭉

냅힐(엑스부리) · 몰리스 · 옥시덴탈 · 루스티가 좋은 대표적인 낙엽성 교배철쭉이다. 현재 황철쭉은 〈표 Ⅳ-2〉의 낙엽철쭉류 모본들의 피가 섞여 있는 것이다. 이 중에서 *R. molle, R. japonicum*으로 불리는 황철쭉은 우리 나라 정원에 많이 심겨지고 있는데 실은 많은 혈통이 섞여 있는 것들이다. 예컨대 브라질(Brazil)이나 지브랄타르(Gibraltar)품종은 냅힐계통으로 〈표 Ⅳ-3〉에서 보여주는 바와

〈표 IV-2〉 납엽성 교배철쭉의 교배모본들의 혈통

종 류	학 명	개화기(꽃과 잎 나오는순서)	꽃의 크기 (직경) 화색	수고	자생지
황철쭉	*R. japonicum*	5월(꽃 먼저 핌)	깔때기형, 향기성, 황적색, 살몬적색 6-12화(1화총에)	장간	일본
옥시델탈 철쭉	*R. occidentale*	6월(꽃 먼저 핌)	깔때기형, 향기성, 유백색~연핑크색 심부연황색 ~주황색	중간	미국 서북부
폰티카 철쭉	*R. luteum* (*R. pontica*)	5월(꽃 먼저 핌)	황색, 깔때기형 , 향기 강함	장간 3.5m	코카사스, 서유럽, 영국
아보레움 철쭉	*R. arboreum*	1~4월	종모양, 백~적색, 깔대기형, 향기성	장간	히말라야, 카시미르, 세일론
아보레센스 철쭉	*R. arborescens*	6~7월	백색~연핑크 깔대기형	장간	미국(동남부)
칼렌듈라세움 철쭉	*R. calendulaceum*	5~6월	황색 ~진적색	중 장간	미국(동남부)

〈표 IV-3〉 낙엽성 교배철쭉류의 혈통

종 류	교배활동	주요특성 및 기타
겐트 교배종	*R.* x *gandavense, R. arborescense. R, atlanticum, R. calendulaceum, R. luteum, R. nudiflorum. R. roseum, R. speciosum.*	향기성, 긴 관 모양, (인동 꽃모양) 장간성 (1.8~2m)에 가지 많고 5월 개화
냅힐 교배종	*R. calendulaceum*×*R. molle,* Ghent H.× *R. molle, R. occidentale, R. arborescens.*	다양한 색깔, 트럼펫 모양 향기가 적음, 장간(1.8~2m) 5월 개화, ※엑스부리 :냅힐을 약간 개량한 종
모리스 교배종	*R.japonicum.* 교배 실생 선발종 *R. molle*	우아한 화색, 대형화 향기 적음, 다화성 5월 개화
옥시덴탈 교배종	*R. molle*×*R.occidentale R. kosteranum*	우아한 화색, 향기 좋음, 몰리스보다 2주 늦게 개화(1.8~2.5m)
루스티카 교배종	Ghent H.×*R. japonicum*	겹꽃, 밀집형으로 자람, 향기 좋음, 5 · 6월 개화, 1.2~1.5m 키

같이 *R. molle, R. calendulaceum, R. occidentale, R. arborescens* 등의 노마(Norma)품종은 루스티카 교배종이고, 수퍼범 (Superbum)품종은 옥시덴탈 교배종이다.

우리 나라는 판매하는 상인이나 재배 및 이용하는 이용자들도 품종의 개념이 없이 통용되는 일이 많은데 앞으로는 품종이 정확하게 따라 다니고 그 품종의 혈통을 정확히 알아야 한다.

현재 국내에 통용되는 낙엽철쭉류는 황철쭉으로 불려지고 있으나 사실은 그 혈통이 다르다. 이들 혈통의 모본은 〈표 Ⅳ-2〉와 같이 황철쭉 · 옥시덴탈철쭉 등이다. 특성은 〈표 Ⅳ-3〉과 「가」항의 낙엽철쭉류를 참고하기 바란다.

낙엽 교배철쭉의 주종을 이루는 것은 겐트 교배종 · 몰리스 교배종 · 옥시덴탈과 냅힐 교배종이 주가 된다.

(1) 겐트 교배종(Ghent hybrids)

벨기에는 유럽의 철쭉교배 센터로서 1800년대에 이르러 모티어씨나 겐트베이커씨가 칼렌듈라세움 (*R. calendulaceum*)과 누디플로럼 (*R. nudiflorum*)을 교배시켜 모티어 교배철쭉을 만든 이래 〈표 Ⅳ-3〉에서와 같이 여러 종들을 교배시켜 나온 교배종이다. 수고(樹高)가 2~3m에 폭은 2~2.7m

로서 지역에 따라 다르나 보통 5월 중 · 하순에 긴 관 모양의 꽃이 핀다. 향기가 좋고 황적색~자적색의 홑 또는 겹꽃의 꽃이 핀다. 대단히 많은 품종들이 있다.

(2) 몰리스 교배종(Mollis hybrids)

황철쭉과 몰철쭉과의 교배에 의해 만들어진 교배종으로 수고가 약 2.6m에 수폭(樹幅)이 2배쯤 되는데, 내한성은 겐트 교배종보다는 약하며 5월에 개화한다. 향기가 좋고 백황색~적색 또는 홍색 등 화색이 다양하다. 꽃은 겐트 교배종보다커서 5~6.4cm정도 되고, 한 화총에 7~13개의 소화(小花)가 붙는다.

(3) 냅힐 교배종(Knaphill hybrids)

영국 냅힐농장에서 육성된 낙엽철쭉 교배종으로 칼렌듈라세움 · 몰철쭉 등과교배하여 만든 것이다.

수고는 1.3~3.3m, 수폭 1.3~2m로 왜성이고 넓게 퍼지는 성질이 있다. 주적색에 가을단풍이 멋있다. 꽃은 관형으로 5cm~7.6cm로 큰 편이고 향기가 좋다. 간혹 겹꽃도 있으며 한 화총에 1~30개의 많은 꽃이 핀다.

(4) 기타

일람 교배종(llam hybrids)으로는 뉴질란드 일람에서 냅힐과 몰철쭉 · 비스코섬(*R. viscosum*) 등과 교배하여 만든 것이 있다. 보비농장에서 개발한 보비스(Bovees) 냅힐 교배종도 있고, 엑스부리(Exbury) 교배종도 냅힐 교배종에 황철쭉 등과 교배하여 만든 것이 있다.

기타 교배종으로 칼손-엑스부리 · 프레이슈만 · 길라드 · 스로네커 · 윈드솔 · 아보트 · 비스레이 · 칼손 · 체로케 · 친쿠아핀 힐 · 도서 · 리치 · 웨스톤 등 매우 많은 교배종이 있다.

다. 상록철쭉류

상록철쭉은 주로 일본 · 중국 · 한국에 집중되어 있는데 특히 일본에 많다. 일본의 첫 원예서적인 가단고모꾸(1681)에 15종, 317품종이 기록되었다. 춘분 후 새 잎이 나오기 전 또는 잎과 함께 꽃이 피어 30일 이상 피는 것들인 왜진달래 · 산철쭉 · 눈철쭉 등과, 음력 5월에 꽃핀다 하여 일본말로 사쯔끼라고 하는 왜철쭉이 그 주종을 이룬다. 따라서 양력으로 보면 사쯔끼가 6월에 꽃이 피는 것이니 전술한 왜진달래 등보다 한 달 가량 늦게 피는 것이다. 그러나 최근에는 많은 종류의 상록철쭉이 교배되어 혼혈상태에 있다. 그 이유는 이들이 같은 절(節) 안에 있어서 종간교배(種間交配)가 잘 되기 때문이다.

상록철쭉은 크게 Obtusum과 Tashiroi 두 아계 (亞系)로 나눈다.

Tashiroi 아계는 *R. tashiroi* 한 종만 포함되고 Obtusum 아계는 40종 이상이 포함된다. 사실은 상록이라 해도 봄잎과 가을잎이 있는데 봄잎은 얇고 크며 가을에는 단풍과 함께 낙엽진다. 한편 가을잎은 봄잎보다 작고 두텁지만 월동하여 겨울에도 잎이 붙어 있다. 모든 상록철쭉은 한국 · 일본 · 대만 · 필리핀 등 동아시아에 자생한다. Obtusum아계(쯔쯔지절)는 다음과 같이 8군(群)으로 나눈다.

(1) 한국군(群) :산철쭉(*R. y. poukhanense*)

(2) 인디카군 : 왜철쭉(*R. indicum*) · 다무라에 철쭉(*R. tamurae*)

(3) 중국군 : 대만철쭉(*R. simsii*)

(4) 대만군 : 올드하미 철쭉(*R. oldhamii*) · 루브로필로섬 철쭉(*R. rubropilosum*)

(5) 규슈군 : 캠페리 철쭉(*R. kaempferi*) · 키우시아넘 철쭉(*R. kiusianum*) · 사타엔스(*R. sataense*) · 왜진달래(*R. obtusum*)

(6) 류구군 : 마크로세팔럼 (*R. macrosepalum*) · 리펜스(*R. ripense*) · 스카브럼 (*R. scabrum*) · 눈철쭉 (*R. mucronatum*)

(7) 소엽군(小葉群) : 세필리폴리움(*R. serpyllifolium*) · 초노스키 (*R. tshonoskii*) · 토사엔스(*R. tosaense*) · 미크로피톤(*R. microphyton*)

(8) 최근 도입 쯔쯔지절(節)종

(1) 한국군(Korean azalea)

산철쭉과 겹산철쭉이 여기에 속한다.

① 산철쭉→자생철쭉항 참조

② 겹산철쭉→자생철쭉항 참조

(2) 인디카군

왜철쭉과 다무라에철쭉이 여기에 속한다.

① 왜철쭉(학명 : *R. indicum*, 영명 : sweet indica azalea)

일본의 대표적인 분재 및 정원 철쭉으로 일본 남부 혼슈 · 시고쿠 · 규슈 · 야쿠시마에 자생한다. *R. lateritum, R. indicum* var. *lateriti, A. danidlsana, A. decumbens* 등은 잘못된 학명이다. 수고는 3m에 달하는 것도 있으나 2m 이하의 중저관목이고, 잎이 작고 가지가 옆으로 퍼지지만 꽃은 매우 커서 관상가치가 높고, 키메라 현상이 많아 한 나무에 여러 개의 다른 색깔의 꽃이 피어 분재철쭉으로 국내외에서 많이 이용되고 있다. 내한성도 강하며 중부지방에서 월동되는 것이 많다. 우리 나라에서는 영산홍 또는 두견화라고 잘못 불려지고 있다. 최근 대만철쭉 또는 아잘레아와의 교배로 많은 신품종이 만들어지고 있다. 유명한 왜철쭉 주요 품종은 부록으로 책 뒤에 첨부된 사진과 같다. 꽃만 알고 이름을 모를 때 참고하기 바란다.

(3) 중국군

① 대만철쭉(학명 : *R. simsii*, 영명 : sims azalea)

중국 중남부, 대만 동부, 버마와 태국에 자생하는 사계성철쭉(년중개화)이다. 2~3m수고의 관목으로 벨지움아 잘레아의 주모본으로써 꽃이 4~5cm로 크고, 한 화총에 2~6개의 꽃이 붙고 사계성이다. 내한성이 약하여 온대지방에선 온실에서 기른다. 분화용 철쭉은 대체로 이 종의 피가 섞여 있다고 보면 된다.

(4) 대만군

R. oldhami, R. rubropilosum, R.nakaharai 가 포함된다.

(5) 규슈군

일본 규슈섬에 자생하며 구루메 교배종의 모본들이 많다.

① 캠페리철쭉(학명 : *R. kaempferi*, 영명 : Kaempfer azalea)

일본 자생철쭉의 대표종으로 일본에선 야마쯔쯔지라고 불려지고 있다. 내한성이 강하며 해발 1300m까지도 자란다. 수고는 2.6~3.3m, 잎은 장방형 또는 난형으로 엽장(葉長)은 2.5~5㎝정도이다. 꽃은 깔때기형인데 3.8~5cm로 큰 편이다. 적색과 황홍색으로 홑, 두 겹, 또는 반 겹이 있다. 여러 종의 변종이 있으며 교배철쭉의 모본으로 많이 쓰였다.

② 왜진달래(학명 : *R. obtusum*, 영명 : Kirishima azalea)

학자(Galle F.C.)에 따라서는 이 왜진달래가 단일종이 아니고 *R. satense, R. kiusianum, R. kaempferi*와의 교잡종이라고 주장한다. 그래서 Galle씨는 *R.'obtusum'*이라고 표기하고 있다. 따라서 일본 전역에 자생하는 캠페리철쭉과의 자연교잡종이라는 것에 많은 학자들이 동의하고 있다. 이 중 일본 구루메지방에서 개량된 구루메 교배철쭉은 왜진달래가 교배모본으로 이용된 종간잡종들이다. 왜철쭉보다 키가 더 크며 화색이 다양하고, 꽃은 적으나 꽃피는 4~5월에는 온 나무를 꽃으로 뒤덮어 장관이다. 내한성도 비교적 강한 편이어서 분화 · 정원용으로 널리 재배되고 있다. 우리나라 정원용 철쭉은 대부분이 이종이다.

(6) 류구군

일본 남부와 류구열대에 자생하는 *R. scabrum, R. ripense, R. macrosepalum*이 이 군(群)에 속한다.

① 눈철쭉 (*R. mucronatum* 영명 : snow azalea)

여러 종들과의 자연 또는 인공 종간교잡에 의하여 만들어진 종(種)으로 산철쭉 · 리펜스(*R. ripense*) 스카브럼(*R. scabrum*) 등과 교잡된 것으로 추측하고 있다.

잎과 꽃이 대형인 품종군으로 일본에서는 히라도(平戶) 쯔쯔지 또는 류구(硫球) 쯔쯔지라고 부른다.

수고가 1~2m되는 상록관목으로 가지가 옆으로 펴지는 횡지성이다. 4월 중순~5월 상순에 꽃 직경이 15cm 이상의 꽃이 핀다. 화색이 다양하고 다화성으로써 분화로도 많이 이용한다. 내한성은 다소 약한 편이다. 유명한 왕자색철쭉(일본명: 오무라사끼)도 이 형과 비슷한 형질을 가지고 있다.

(7) 소엽군

① 흰참꽃(학명 : *R. tschonoskii* 영명 : tschonoski azalea) → 자생철쭉항 참조

한편 Tashiroi아계의 타시로이철쭉(*R. tashiroi*)은 5m까지 자라는 고목관목으로 한 화총에 2~3개의 꽃이 피고 종(種)이나 깔때기 모양으로 10~12개의 수술이 있다. 잎은 3.8~6.4cm로 류구~대만사이에 자생 한다.

〈표 IV-4〉 아잘레아 모본혈통별 품종특성

모본혈통	품종명	화색	특성	내한성 정도
대만철쭉 교배종	밋션 벨 (Mission Bell)	농홍	겹꽃, 대형, 사계성	약
(아잘레아형)	립플 (Ripple)		분홍중형, 겹꽃, 극조생종	〃
*보통 아잘레아	잉가(Inga)	연보라에	겹꽃, 중형, 극조생종	〃
란 이 계통을		흰복색	중소형종	〃
말함	피코티(Picotte)	백색에	겹꽃, 대형, 만생	〃
		홍띠		〃
	캘리포니아 선셋	연분홍에	겹꽃, 대형, 중생	〃
	(California Sunset)	백색		〃
	머더스데이 (Mothers Day)	홍색	중형, 홑꽃, 중생종	중
구루메(久留米)형	헥스 (Hexe)	적색	두겹, 중형, 만생종	〃
	기린(麒麟)	분홍	두겹, 소형, 조생종	〃
눈 철 쭉 형	무자 (舞姿)	진분홍	홑꽃, 극대형화	중
(히라도형)	나생 문 (羅生門)	농주홍색	홑꽃, 중형, 조생종	〃
	대붕 (大鵬)	자분홍	홑꽃, 극대형화	〃
	정의진 (正之進)	적색	홑꽃, 대형화, 다화성	〃
	오오무라사키 (大紫)	보라	대형, 대형화, 다화성	〃

(8) 상록철쭉 교배종

① 아잘레아(벨지안 인디안 교배종)

1800년대에 *R. indica*라는 이름으로 대만철쭉(*R. simsii*)이 영국에 도입된 이래 *R. mucronatum, R. indicum, R. phoeniceum* 등과의 교배로 육성되었다. 내한성이 약하며 주로 온실재배용 분화로서 개발되었다. 육성된 곳에 따라 벨지안 아잘레아(품종 : 십이일중 · 옥수금 · 효산 · 대팔주 · 한모란)계와 미국계 아잘레아(치메스 · 암부로시아나 · 알라스카 · 발렌타인) 등이 있다.

한편 네덜란드에서 육성된 계통을 화란 아잘레아라고 한다. 따라서 어느 책에는 서양철쭉이라고 써 놓은 책도 있다.

꽃이 크고 겹이며, 다화성으로 4계성이 강하다. 종간교잡이 잘되어 구루메 · 눈철쭉 등과의 교배에 의해 육성된 신품종이 많으며, 현재 국내에서 많이 사용하는 품종의 혈통과 특성은 〈표 Ⅳ-4〉와 같다.

일반적으로 아잘레아란 대만철쭉이 주혈통으로 된 벨지안 인디안 교배종을 말하나 근래에는 구루메형과 눈철쭉형에 아잘레아 피를 넣은 계통까지를 포함한다.

② 구루메 교배종(Kurume hybrids) 및 이것과 교배된 교배종

일본 규슈섬의 구루메지방에서 왜진달래를 주교배모본(主交配母本)으로 육성된 교배종이다. 700 품종이 넘는 많은 교배품종이 이용되고 있다. 혈통은 *R. kampferi, R. kiusianum, R. amoenun R. sataense* 등이다.

학자에 따라서는 왜진달래보다는 캠페리철쭉이 주모본일 것이라는 설도 있으나 *R.* x *obtusum*(x는 종간교배라는 뜻)으로 표기하고 있다. 왜성이나 2~4m 수고(樹高)에 1.5~4cm로 꽃이 작지만 홑 또는 두 겹(hose in hose)의 꽃이 4~5월에 꽃이 나무를 뒤덮어 장관을 이룬다. 내한성이 강한 것도 있어 중부지방의 정원용으로 많이 쓰인다(사진 참조).

한편 일본 구루메 지방의 상야(桑野)농장에서 구루메 교배종과 왜철쭉 등과 교배 · 육성한 철쭉을 구와노 교배종이라 하는데, 꽃이 크고 이들 종의 중간 특성으로써 여러 가지 좋은 성질을 가졌기 때문에 많이 보급되고 있다(사진 참조).

또한 히사도미(允富)농장에서 교배육성한 히사도미 교배종은 조생 왜철쭉의 특성을 가진 신품종으로 육성되어 널리 보급되었다(사진 참조).

미야마 철쭉(Miyama kirisima)은 일본 규슈지방의 해발 1000m 산에 자라는 *R. kiusianum*과의 교배에 의해 육성된 것으로써 다습을 싫어하고 야간 온도가 낮은 조건에서 잘 자라는 특성이 있는 교배종이다(사진 참조).

③ 왜철쭉 교배종(Satsuki azaleas)

우리 나라에서도 사쯔끼라고 통용되고 있다. 분재철쭉의 대표종으로 성질이 왜철쭉과 아주 비슷하다. 일본에서는 개화기에 따라 철쭉류(쯔쯔지)와 왜철쭉(사쯔끼) 둘로 나누어 춘분 이후 1달 정도 꽃 피는 것을 철쭉류라 하고 이들 철쭉류가 개화된 후에 꽃이 음력 5월(양력 6월초)에 피어 1달 정도 꽃 피는 왜철쭉으로 나누기도 한다. 식물학적으로 올바른 분류가 아니고, 오직 개화시기가 빠르고 늦음으로 구별된 것뿐이다. *R. indicum*과 *R. simsii* 외에도 *R. tamurae*등 여러 종(種)과의 교배된 것으로 보이고, 필자의 교배임성 연구에서도 쯔쯔지절의 대부분 종과 교배가 되고 결실되었음이 밝혀졌다(사진 참조).

④ 글렌데일 교배종(Glenn dale hybrids)

미국 농무성 모리슨씨에 의해 1935년에 쯔쯔지절의 여러 종과 교배가 시작된 이래 글렌데일씨에 의해 개발되었다. *R. indicum, R. simsii, R. poukhanense, R. kaempferi*등의 교배에 의해 육성된 교

배종들이다. 꽃이 크고(5~10cm) 다양한 형질이 특징이다.

⑤ 서울 교배종 (Seoul hybrids)

서울시립대 환경원예학과 화훼연구실 이정식 교수에 의해 육성된 종간 교배종인데, 국내 자생하는 산철쭉(*R. poukhanense*)을 주축으로 하여 도입종들인 *R. simsii, R. indicum, R. mucronatum, R. obtusm*등의 tsutsusi절과의 종간 교배에 의해 육성된 것으로써 서울지역에서 월동이 되고, 화색 · 화형이 다양한 특징을 가져 정원용 및 분화용으로 개발되었다(사진 참조).

⑥ 기타 교배종

〈표 Ⅳ-5〉와 같이 여러 계통이 있으며 최근 Brooks, Rutherford , Cornell , Kerrigan , Lewis, Wilson' s, Amoena, Beltsville, Coolidge, Exbury-evergreen, Gable등이 있다.

따라서 최근 정원이나 화분 철쭉의 대부분은 순종이 아니고 대부분 교배종들이며, 대개가 종간 교배종(種間交配種)이다. 국내에서 잘못 통용되는 영산홍은 왜철쭉과 그 교배종을 말하지만 그 속에는 왜진달래 등 다른 혈통도 섞여 있다. 이는 꽃 중에서 자연상태에서 또는 인위적으로 종간 교배가 잘 되는 것 중의 하나이기 때문이다.

〈표 IV-5〉 상록성 교배철쭉교배종의 교배모본과 주요특성

교배종명	주요혈통	주요특성	육성국(육성자)
게이블	*R. kaempferi*×*R. y.* var. *poukhanense*	중형화 4~6cm직경	미국(Gable)
사쯔끼	*R. indicum*×*R. simsii*	중대형화	일본
구루메	*R. kaempferi, R. kiusianum*	소형화 2.5~3.5cm	일본구루메
	R. obtusum		
인디안(인디카)	*R. indicum, R. mucronatum*	대형화 6~7.5cm	벨지움, 영국
*아잘레아	*R. simsii* *아잘레아는 *simsii*모본교배종		
캠페리	*R. kaempferi, R. malvaticum*	중형화 4~5cm	네덜란드
	R. pulchrum 'Maxwellii'		
글렌데일	Tzutzuzii절의 많은 상록철쭉 간 교배	대형화 5~10cm	미국
올드하미	*R. kaempferi, R. oldhamii*	대형화 7.5cm	영국
부이크	많은 상록철쭉 간 교배	대형화 5~7.5cm	화란(부이크)
와다	많은 상록철쭉과 교배	중대형화 4~7cm	일본(와다)

ⓐ 게이블 교배종(Gable hybrids, 기호 : G)은 미국 펜실바니아에서 게이블씨가 *R. kaempferi*×*R. poukhanense*의 상호교배에 의해 육성한 것으로 꽃 직경은 4~6cm정도이다.

ⓑ 캠페리 교배종(Kaempferi hybrids, 기호 : KF)은 네덜란드에서 *R. kaempferi, R. pulchrum, R. maxwellii*와의 상호교배에 의해 만들어진 계통으로 꽃 크기는 4~5cm정도이다.

ⓒ 올드하미 교배종(Oldhamii hybrids, 기호 : O)은 영국 엑스부리에서 *R. kaempferi, R. oldhamii*와 교배에 의해 만든 계통으로 꽃 크기는 6~7.5cm정도이다.

ⓓ 샌더 교배종(Sander hybrids. 기호 : Sr)은 미국 브루크 라인의 샌더씨에 의하여 인디안 아잘레아, 구루메 아잘레아와의 상호교배종으로 꽃 크기는 중간 정도이다.

ⓔ 부이크 교배종(Vuyk hybrids. 기호 : V)과 와다 교배종(Wada hybrids, 기호 : W)은 네덜란드에 있는 보스쿱의 부이크농장에서 육성한 것과 일본 요코하마의 와다씨에 의하여 교배한 것이다.

ⓕ 페리카트 교배종(Pericat hybrids, 기호 : P)은 벨지안 인디카, 구루메 교배종과의 교배에 의해 만든 종류로 중형화이다.

ⓖ 루더포디아나 교배종(Rutherfordiana hybrids. 기호 : Rf)은 *R. indica* 'Alba' *R. oomurasaki*, 벨지안 인디카 아잘레아, *R. macrantha*, 구루메 교배종과 만병초와의 상호교배에 의해 육성된 품종도 있다.

이들 여러 교배종 중 주요품종은 다음과 같다. Alice(Kf : 연적색), Ambrosia(GD : 자적색), Atlanta(Kf : 연자색) , Benikiri (K : 진적색) , Eddy (Kf : 진연적색) , Elizabeth (GD : 자홍색) , Favorite (Hinodegiri × Kaempferi) , Hinodegiri (K : 진적색) , Imashyozo (K : 명적색) , Sakata red (구루메 × 캠페리 : 적색) , Chimes(I : 홍적색), Red Wing(P :연분홍적색), 도로쉬기(연적색) 등이 있다. 품종명의 (　)안 영문 약자는 위의 ⓐ~ⓖ의 계통 약자를 참고하기 바란다.

라. 국내에서 잘못 불려지는 이름들

영산홍 · 사쯔끼 · 기리시마 · 쯔쯔지 · 두견화 · 히라도 · 참꽃은 잘못 불려지는 이름이다.

영산홍은 *R. indicum*인 왜철쭉을 말하며, 이것은 5월에 꽃 핀다고 하여 일본에선 사쯔끼라고 한다. 국내 분재 철쭉은 대부분 이 종이며, 정원용도 일부 이 품종이 있고 최근에는 교배종이 많다. 두견화도 이 왜 철쭉을 말하지만 중국에선 진달래를 두견화라고도 한다.

〈표 IV-6〉 철쭉속(Rhododendron) 식물의 분류와 옳은 이름과 틀린 이름

아속	절(節)	아절(亞節)	옳은이름	틀린이름
로도라텀	다우리쿰	로도라스트라	진달래(*R. mucronulatum* T.)	참꽃
쯔쯔지	쯔쯔지	캠페리	왜진달래(*R. obtusum* P.)	기리시마
			대만철쭉(*R. simsii* P.)	아잘레아
		인디카	왜철쭉(*R. indicum* L.)	사쯔끼
		마크로세팔라	산철쭉(*R. yedoense* var. *poukhanense* N.)	개참꽃
		원예종	눈철쭉(*R. mucronatum*)	히라도철쭉
			왕자색철쭉(*R. oomurasaki*)	대자철쭉
	브라키칼릭스	슈리펜바키아	철쭉꽃나무(*R. schippenbachii* M.)	철쭉꽃
	로도라	루테아	황철쭉(*R. japonicum* S.)	끼렌게철쭉

간혹 지방에 가면 진달래는 먹을 수 있는 진짜 꽃이고 산철쭉은 먹을 수 없고 독이 있다 하여 전자를 참꽃, 후자를 개참꽃이라고 부르는데 이는 틀린 말이다. 한편 참꽃은 제주도에 자생하는 참꽃나무(*R. weyrichii*)와도 혼동할 여지도 있어 구별되어야 한다. 일본 말을 그대로 써서 잘못 불려지는 경우로써, 왜진달래는 일본에서 기리시마 쯔쯔지라고 불려지는데 우리 나라에서도 기리시마라고 부르는 경우가 있다. 이는 잘못된 이름이다.

히라도는 눈철쭉이, 오무라사끼는 왕자색철쭉이, 끼렌게 쯔쯔지는 황철쭉이 옳은 이름이다. 한편 아잘레아는 대만철쭉(*R. simsii*)의 교배종이니 대만철쭉과는 구별되어야 하고, 철쭉꽃은 철쭉꽃나무가 옳은 이름이다(〈표 Ⅳ-6〉 참조).

V. 형태적 특징

철쭉류는 관목(灌木)으로 분류하지만 예외적으로 북미에는 5~ 7m 가량 반교목(半喬木)으로 자라는 것도 있다. 일본의 한 낙엽철쭉류(*R. quinquefolium*)는 나무 줄기의 직경이 30cm가 되는 것도 있다.

대체로 상록성 철쭉류는 직립형(直立形) 또는 개장형(開張形 :옆으로 넓게 퍼짐)으로 모두 60cm 미만인 것이 많고, 드물게는 3m 이상인 것도 있다.

왜진달래 류는 대개가 왜성이지만 그 교배종인 구루메 교배종 중에는 2.5~ 3m 까지 자란다. 지금까지 알려진 가장 키 큰 것은 4.5m까지 자란 것도 있다.

일본 자생 철쭉류 중 *R. kaempferi*는 가지가 밀생하고 잔가지가 많은 상록철쭉류로 유명한데 4.5m가량 크게 자란다.

일본에 있는 200년생 *R. scabrum*은 수고가 4.5m, 수폭이 3m에 이르고 있다.

1. 꽃의 구성과 색깔

철쭉류의 꽃 모양과 색깔은 매우 다양하다.

꽃은 꽃잎 · 꽃받침 · 소화경 · 암술과 수술로 되어 있다.

(1) 꽃잎(corolla)

전형적인 철쭉류의 꽃잎은 다섯 장으로 되어 있고 기부(基部)가 열편(裂片)이거나 합판화(合瓣花)로 되어 있다.

전체적으로 꽃 모양은 깔때기 모양, 관상(管狀 ; tube)의 긴나팔 모양으로 기부는 합쳐져 있다. 위의 꽃잎은 서로 겹치거나 너울지는 모양을 하고 있다.

5개의 꽃잎은 대칭으로 되어 있거나 나비 모양이다. 이 중 제일 위의 꽃잎은 기본형으로써 꽃의 골격을 이루고, 양측에 두 장이 날개 모양으로 붙어 있다. 나머지 두 장이 날개형으로 밑부분의 양측에 붙어 있다.

(2) 꽃받침 (calyx)

꽃잎을 싼 초록색 꽃받침은 다섯 장으로 기부는 합쳐져 있다. 길이는 0.3~0.1cm정도 밖에 안되지만 *R. macrosepalum*은 2.5cm나 된다.

한편 두 겹 (hose in hose)의 꽃 중 한 겹은 꽃받침이 변형된 화관상(花冠狀 ; petaloid)으로서 꽃받침이 없다.

(3) 화피 (花被 ; perianth)

꽃잎과 꽃받침을 말하며, 꽃의 껍질에 해당한다.

(4) 소화경 (小花梗 ; pedicel)

매우 짧다. 녹색의 소화경이 꽃을 지탱하는데 길이는 종(種)에 따라 다르지만 약 2cm미만이며, 어떤 종은 없는 것도 있다.

(5) 암술(pistil)

암술은 생물의 암컷에 해당하는 생식기관으로 자방(子房) · 화주(花柱) · 암술머리(柱頭)로 구성되어 있다.

자방은 꽃잎 기부의 중앙에 있고 5개의 자실(子實 ; locules)로 되어 있다.

화주(style)는 속이 빈 관 모양으로 되어 밑으로는 자방에, 위로는 암술머리가 붙어 있다. 암술머리는 성숙하면 끈적끈적하여 꽃가루 부착을 용이하게 한다.

(6) 수술(stamens)

수술은 생물의 수컷에 해당하는 생식기관으로 화사(花絲)와 약(葯 ; anther)으로 구성되어 있다. 꽃잎과 자방의 합점(合點)에서 나왔고, 그 수는 5개 또는 그 배수(倍數)로 구성되어 있으며, 종종 길이가 같지 않은 경우가 많다.

많은 낙엽철쭉류는 수술이 길게 쭉 내밀거나 뻗어서 꽃의 아름다움을 더해 준다.

약(葯 ; 꽃밥)은 꽃가루를 터뜨리는 주머니이며 수술의 맨 위에 있는 화사(花絲 ; 꽃실)에 붙어 있다. 꽃밥은 두 개의 주머니로 되어 있다.

모든 꽃가루는 점질(粘質)의 실과 함께 밖으로 나온다 꽃밥은 세로(縱)로 찢어지면서 꽃가루를 터뜨린다.

(7) 종자생산(seed production)

꽃가루받이(受粉)를 하여 수정이 되면 씨가 생긴다.

5개로 된 삭과는 *R. serpyllifolium*를 0.6cm 밖에 안되지만 황철쭉(*R. japonicum*)은 2.5cm나 된다.

종자는 날개가 있는 것과 없는 것이 있는데 상록철쭉은 날개가 없고, 낙엽철쭉류는 날개가 있는 것이 많다. 그러나 아시아 자생 낙엽철쭉류는 황철쭉(*R. japonicum*), *R. molle, R. luteum*을 제외하고는 날개가 없다.

2. 꽃의 모양

철쭉류의 화형(花形 : flower type)은 다양하다. 한 식물에 여러 색깔의 모양과 다른 색깔이 존재하는 등 다른 식물에서 보기 드문 현상이 많이 보인다. 보통 철쭉은 다섯 장의 꽃잎으로 된 홑꽃이다.

그러나 꽃받침과 수술이 단독 또는 둘이 형태변화에 의해 겹꽃 또는 두 겹(hose in hose)의 형태를 보인다. 또한 꽃잎 자체도 여러 형태로 변형되기도 한다. 다른 화훼류처럼 반겹, 겹, 만겹 등의 겹꽃과는 다르다.

철쭉류는 7가지 화형을 가지고 있다. 그림에서 보는 바와 같이 홑꽃, 두겹 홑꽃, 반겹꽃, 두겹 반겹꽃, 겹꽃, 두겹 겹꽃 등 6가지 외에 거미형 꽃(spider type)이 있다.

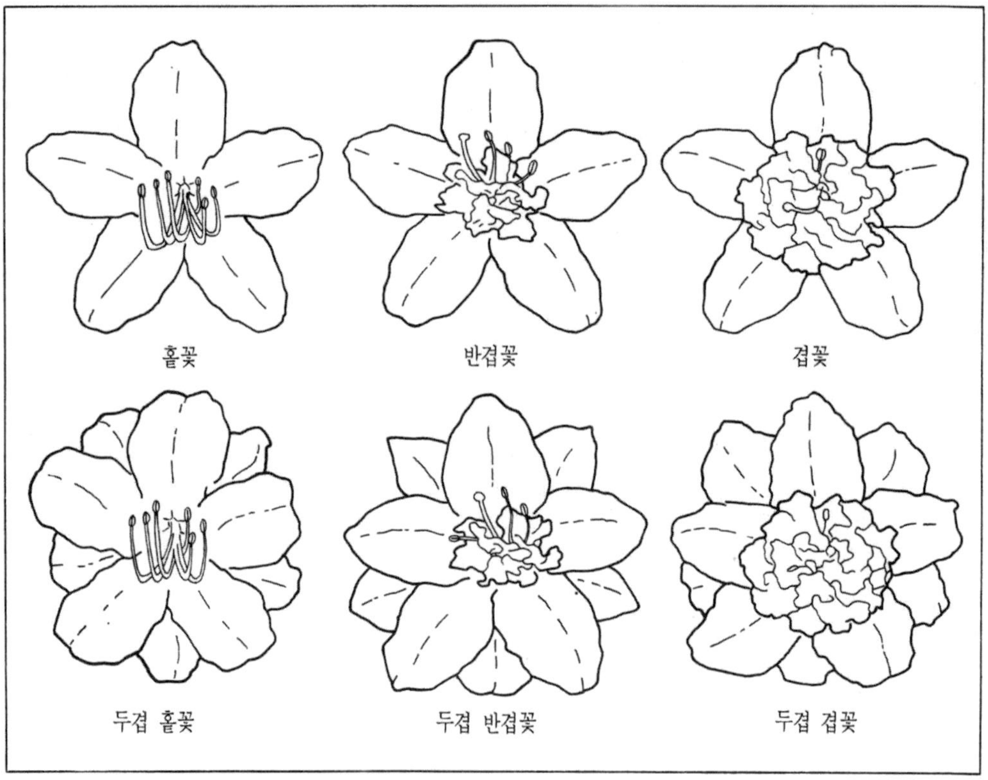

〈그림 V-1〉 철쭉류의 기본화형(6가지)

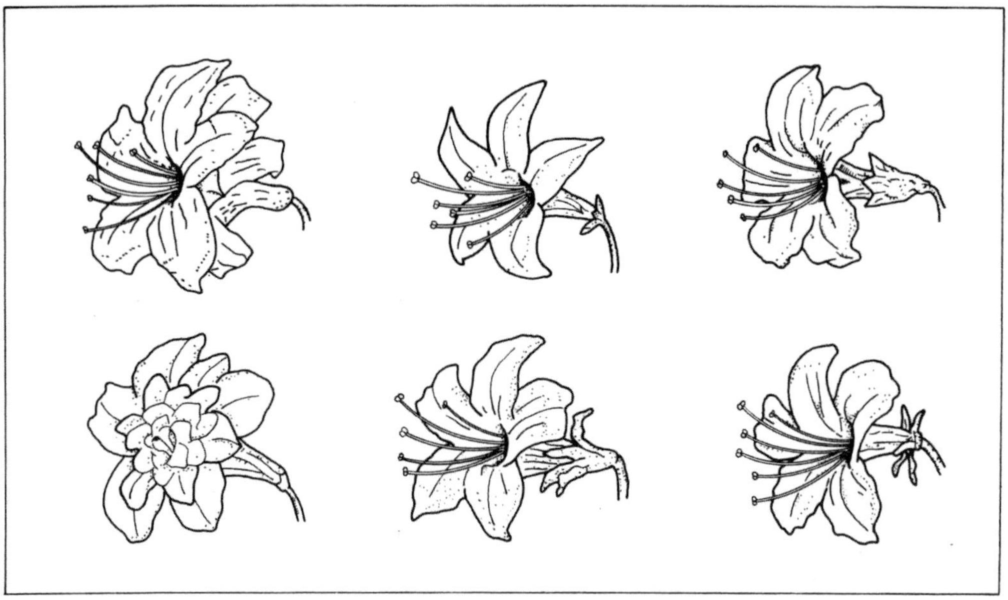

〈그림 V-2〉 왜진달래의 여러 가지 화형

(1) 홑꽃(single flower)

대부분 다섯 장 또는 그 이상 꽃잎으로 되어 있고 기부는 합쳐진 합판화이다. 꽃받침은 5개로 되어 있고 5~10개의 수술과 1개의 암술로 되어 있다. 이들의 모양에 따라 품종분류가 명확하게 된다(예 : 히노데) .

(2) 두겹꽃(hose in hose)

철쭉꽃에만 있는 화형인데 호스 안에 호스가 끼여져 있는 모양 같다고 하여 영어로는 hose in hose라고 한다. 즉, 같은 크기의 꽃잎이 한 개 더 끼여 있는 형을 말한다. 이는 꽃받침이 꽃잎으로 변형된 것이다. 〈그림 V-1〉에서 보는 바와 같이 반겹꽃과 겹꽃에서도 두 겹의 꽃잎이 있다.

(3) 반겹꽃(semidouble flower)

수술이 꽃잎으로 변하여 원래의 꽃잎 안에 위치한다. 따라서 진짜 꽃잎보다는 크기가 작은데 찌그러지고 틀어져 있으며 꽃실이나 꽃밥이 일부 남아 있다(예 : 크린손그르기).

수술 중 일부는 변형되고 일부는 정상적으로 있는 것들이다. 수술이 거의 꽃잎으로 변형된 것을 겹꽃으로 부르며 반겹꽃과 구분하고 있다.

(4) 두겹 반겹꽃(semidouble hose in hose)

꽃받침이 꽃잎으로 변형된 것이 기존 꽃잎과 같은 크기의 꽃잎으로 보이며, 그 안에 수술이 꽃잎으로 변형되어 반겹꽃으로 되어 있다(예 : 라이발).

(5) 겹꽃(double flower)

꽃잎 안에 수술이 전부 또는 거지반이 꽃잎으로 변형된 꽃을 말한다. 꽃받침과 기타 잔여물들은 그대로 존재하며, 암술머리는 변형된 것도 있으나 그대로 남아 있는 것도 많다. 따라서 꽃잎의 수는 30개 이상이다(예 : 베니기린).

(6) 두겹 겹꽃(double hose in hose)

겹꽃과 같으나 꽃받침이 변형된 꽃잎이 호스 안에 호스가 끼여 있는 것처럼 두 겹으로 된 것이다.

두겹 겹꽃 중에는 많은 꽃에서 녹색 꽃받침이 존재하는 것이 있는데, 이를 꽃받침 있는 두겹 겹꽃이라고 하여 따로 분류한다.

(7) 스파이더형 (spider type)

꽃잎이 합쳐져 융합되지 않고 관(管 ; tube)상으로 보이며, 각각 가죽끈같이 떨어져 있어 거미다리처럼 보여서 붙여진 이름이다. 다섯 개의 좁은 꽃잎과 꽃잎처럼 보이는 수술이 있다. *R. macrosepalum* 이나 왜철쭉의 킨사이(Kinsai) 품종이 대표적인 예이다.

3. 꽃의 형태

꽃의 형태 (flower shape)는 매우 다양하다. 꽃잎 끝이 둥근 것 , 주름이 잡힌 것 (frilled) , 파상(wavy)인 것이 있고, 형태는 접시형, 관형(tube), 깔때기형, 종(鍾)형, 나팔형 등이 있다. 반면에 철쭉꽃나무(*R. schlippenbachii*)는 관형이 아닌 크고 납작한 모양을 가지고 있다.

〈그림 V-3〉과 같이 깔때기형에는 암수술이 정중앙에 위치하는 것이 있거나 기저부(밑)에 위치하는 두 종류가 있다.

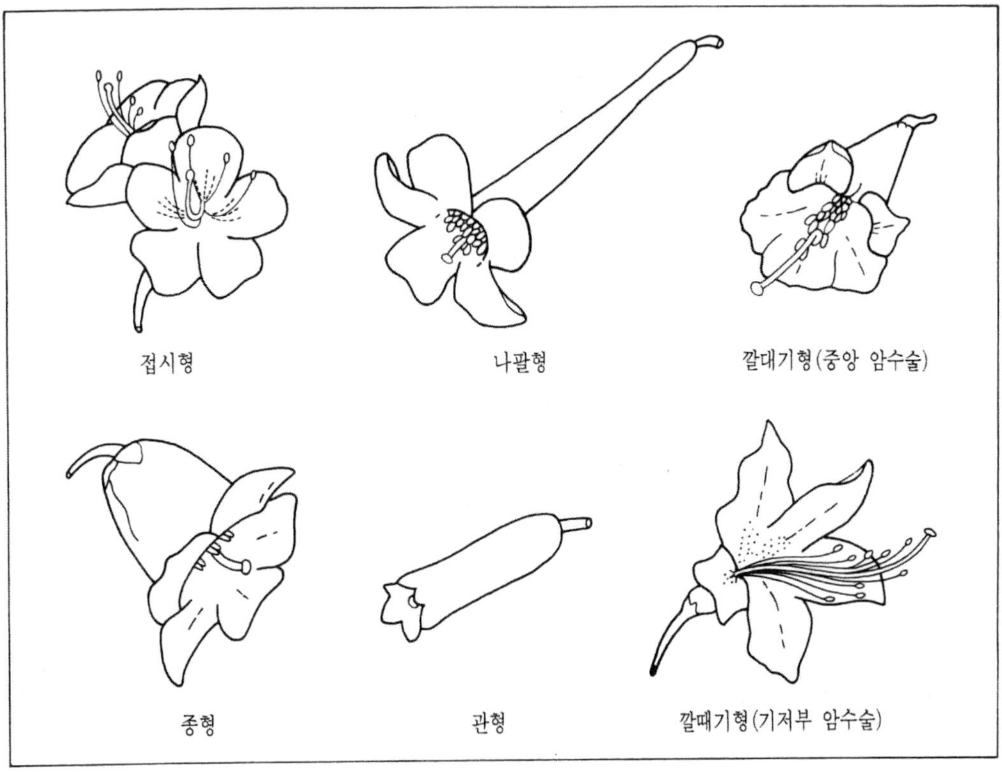

〈그림 V-3〉 철쭉류의 꽃형태 (shape)

4. 꽃의 크기

꽃의 크기(화경 ; 花徑)는 매우 다양하여, 작은 것은 7mm밖에 안되는 것(예 : *R. tschonoski*)에서부터 *R. simsii* 교배종들은 13cm가 넘는 것도 있다.

5. 한 화총(花叢)당 꽃수

철쭉은 꽃이 뭉쳐서 피는데 한 뭉치로 된 꽃의 무리를 화총(cluster)이라 하며 대체로 5개 이상의 꽃이 핀다.

한 화총에 적게는 1개 피는 것에서부터 20개 이상까지 피는 것 등 다양하다. 이것은 계절 · 환경 · 수령 · 생육조건에 따라서도 변한다.

종류에 따라 한 화총당 꽃수는 〈표 V-1〉과 같다.

꽃은 암술 · 수술 · 꽃잎 · 꽃받침으로 구성되어 있는데, 그 모양은 〈그림 V-4〉와 같다.

〈표 V-1〉 철쭉류 한 화총당 꽃수

종 류	한 화총당 꽃수	종 류	한 화총당 꽃수
R. alabamense	6~30	*R. y.* v. *poukhanense*	1~3
R. arborescense	3~6	*R. scabrun*	2~6
R. indicum	1~2	*R. phoenicum*	1~30
R. japonicum	5~12	*R. schlippenbachii*	3~6
R. kaempferi	1~5	*R. simsii*	2~6

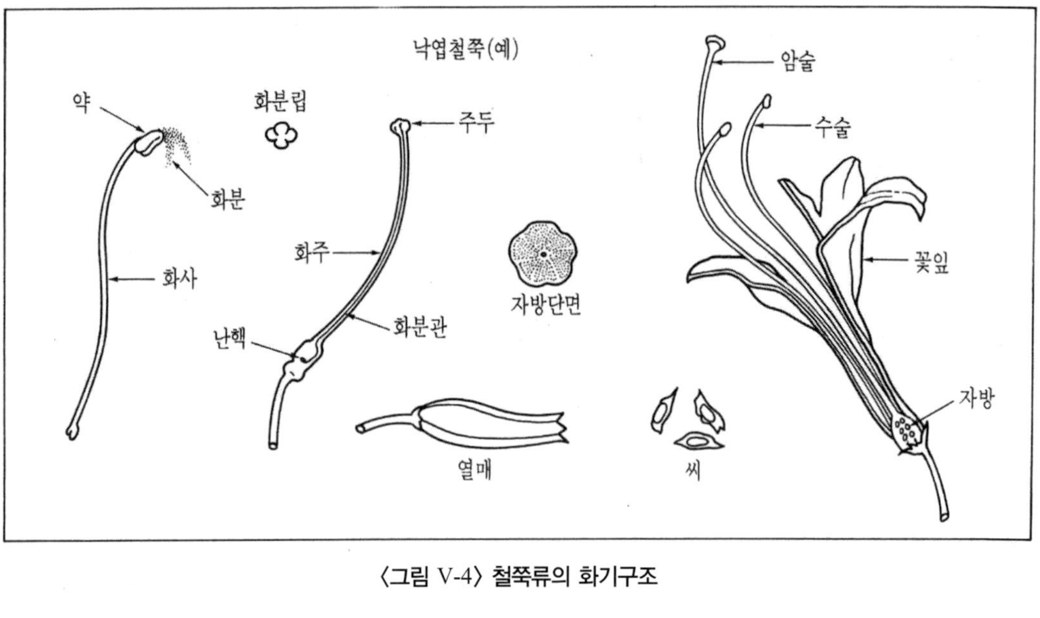

〈그림 V-4〉 철쭉류의 화기구조

6. 꽃의 색깔

너무나 다양한 꽃색(花色)을 가지고 있어 많은 사람들로부터 사랑을 받고 있다. 순수한 청색은 없지만 흰색 · 오렌지색 · 황색 · 적색 등 다양하다. 또한 점무늬 · 얼룩무늬 등 무늬도 매우 다양하다. 크게 두 가지 화학물질 또는 색소가 관여한다.

첫째는 지용성 카로티노이드 화합물로 세포 속 원형질 안에 존재하는 경우로써 황색 · 주황색, 또는 적색의 색깔을 띤다.

둘째는 후라보노이드계의 안토시아닌색소로서 핑크 · 적자색 · 청색의 색깔을 띠는 두 그룹이 있다.

꽃에서의 색소기능은 잘 알려져 있지 않지만 수분(pollination)을 위한 곤충들의 유인을 위해 진화된 것으로 추정된다. 벌들은 황색과 청색을 좋아하지만 새는 적색과 주황색을, 나비는 밝은 색을, 나방들은 백색을 좋아한다.

품종을 분류하고 동정(同定 :종 속을 결정하는 것)할 때 색소의 존재 유무에 따라 하는데, 보라색 품종은 malvidin 3.5 diglucoside, mauve 색소의 존재에 의해 생긴다. 그러나 한 연구보고에 의하면 Red Wing 품종의 오렌지색 변이체는 flavoid 색소 결핍으로 발생되었다고 하였다.

후라보노이드의 58개 물질에 따라 Penthanthera아속의 품종분류를 한 결과 5군(群)으로 나눌 수 있었으며, 일본에서는 안토시안을 가지고 왜철쭉을 5군으로, 왜진달래를 7군으로 나누었다.

철쭉꽃은 다음과 같은 여러 종류의 꽃색을 가지고 있다.

(1) 단색 (self)

전체 꽃잎이 단 한 가지 색으로 된 경우를 말한다.

(2) 얼룩무늬 (blotches)

많은 철쭉류에서 맨 위의 꽃잎(5잎 중에서)에 다른 색깔 또는 얼룩이 들어 있는 경우가 많다. 때에 따라서는 그 양쪽의 꽃잎에도 색깔이 들어 있는데 기본 바탕색보다 연하거나 진한 꽃색을 띠운다.

(3) 줄무늬 (striped)

흰 줄 또는 점, 그리고 바탕색과 다른 색의 반점이 들어가 있는 경우로서 핑크 · 적색 · 자홍색의 줄

무늬를 나타낸다.

한 식물 안에 여러 가지 색깔을 나타내며, 왜철쭉(satsuki)에는 흔한 현상이다. 예컨대 고호(Goho) 품종은 흰색 바탕에 자적색 점과 얼룩무늬, 적색과 녹황색 등 5가지의 다른 화색이 한 식물에 존재한다. 한 식물에 여러 개의 화색이 존재하는 현상은 키메라(chimera) 때문이며 글렌데일 교배종 · 구루메 교배종에서도 가끔 보인다.

(4) 주연(周緣) 색깔(margined)

바탕색이 흰 색인 품종 중에는 가장자리가 적색 등의 다른 색깔로 테두리를 만들어 아름다운 품종이 많다(예 : 왜철쭉의 Tensho품종).

(5) 구분(區分)색깔(sectorial)

구분 키메라에 의해 왜철쭉에서 다른 변이와 함께 많이 발생된다. 따라서 1가지에서 나온 여러가

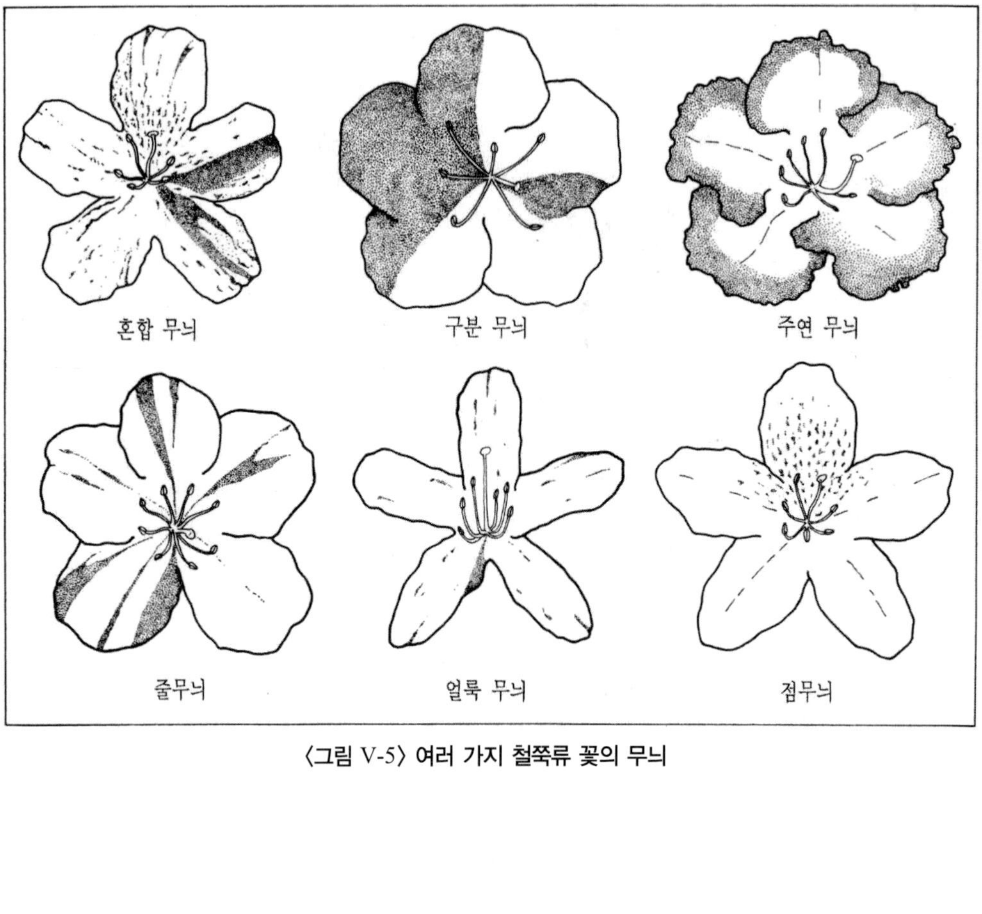

〈그림 V-5〉 여러 가지 철쭉류 꽃의 무늬

지 꽃들이 여러 가지 꽃 색깔을 가지게 된다. 많은 것은 다섯 가지의 다른 화색을 가진 품종도 있다.

일반적으로 많이 나타내는 여러 가지 꽃의 꽃색과 무늬는 〈그림 V-5, 6〉과 같다. 〈그림 V-5〉는 이 꽃무늬의 명칭이고, 〈그림 V-6〉은 여러 꽃무늬의 종류로써 왜철쭉에서 그 무늬가 가장 다양하다.

〈그림 V-6〉 여러 기지 철쭉류 꽃의 무늬

(6) 화색 (花色)의 종류

철쭉에는 정말 다양한 화색을 가지고 있다. 연핑크색부터 적색류 · 황색류 · 보라색류 · 자색류 등 매우 다양한 색깔을 가지고 있다.

화색을 분류하는 방법은 색소를 추출해서 UV 또는 기타 spectrophotometer로 해석하는 방법이 있지만 이것은 연구에 주로 쓰여지고 색분류표를 대조해서 분류하는 것이 좋다. 색분류표에는 원예 색표(horticulture color chart) · 먼셀색표 · 오스발트색표 등이 있다.

정확한 색명을 알려면 「색채학」 서적을 참고하기 바란다.

(7) 꽃향기

*R. arborescens, R. viscosum, R. atlanticum, R. serrulatum*은 철쭉류 중 향기가 강한 종류이다.

그 외에도 많은 종류가 좋은 향기를 내품는다. 그러나 *R. molle*과 Ghent azalea는 이른 아침에 약하 지만 스컹크(skunk) 냄새가 나기도 한다.

(8) 생장습성과 개화습성

긴 일장(낮의 길이)과 짧은 밤(夜長)은 꽃눈이 붙을 신초(新梢 ; 새 가지)신장(伸長)을 촉진한다. 봄에 새싹이 길게 자라고 어느 기간 동안 생장하다가 신장이 멈추면서 새싹 끝에 꽃눈이 맺힌다. 그러나 왜진달래와 철쭉꽃나무의 경우 정아(頂芽)는 영양생장을 더하여 꽃눈분화(화아분화) 온도가 알맞는 여름이 돼야 꽃눈이 된다.

따라서 꽃눈은 정아의 눈에서 봄이 지난 6월 하순~7월 초순경에 생기기 시작하여 7월 말~8월초에 완성한다. 이는 온도와 관계가 깊기 때문에 난지는 한지보다, 평지는 고지(高地)보다 빠르다. 꽃눈분화가 완성된 후 꽃눈의 발달은 분화온도(18℃이상)보다 다소 낮은 온도에서 더 잘 발달되며 휴면에 들어가기 전까지 완성된다.

꽃눈분화시의 알맞는 수분(水分)조건은 매우 중요하다. 여름에 건조하여 수분 부족시에는 꽃눈이 생기지 않는 경우가 많다. 또한 여름철의 이상 저온(低溫)에서도 꽃눈이 분화되지 않는다. 간혹 꽃눈분화가 끝나고 꽃눈이 발달하는 도중에 저온이 되면 휴면에 들어가는 수가 있으니 주의해야 된다.

꽃눈이 생기면서 휴면에 들어가고, 휴면이 타파되어 개화하기 위하여는 충분한 저온처리가 필요하다. 그렇지 않으면 휴면이 타파되지 않아 개화가 고르지 않고 제대로 꽃이 피지 않는다.

(9) 개화시기와 기간

철쭉류 중 가장 일찍 피는 종(種)은 진달래이다. 우리 나라는 3월 하순경 꽃피지만 〈표 V-2〉에서 보는 바와 같이 미국에선 3월 10일경 꽃핀다. 개화기간은 짧은 것은 약 2주부터 긴 것은 2개월이 넘

〈표 V-2〉 철쭉류의 개화시기와 기간(조사지역은 미국지역, 한국 서울의 경우 10~20일 정도 늦음)

3월			4월				5월			6월				7월				8월			9월
(일)	20	28	6	14	22	30	8	16	24	1	9	17	25	3	11	19	27	4	12	20	28 5

* * * * * * * *R. mucronulatum*(진달래)

* * * * * * * * * * * * * * * (Allure). Glenn Dale hyb. (Sagittarius)

* * * * * * * Kurume hyb.

* * * * * * *R. austrinum*-canescens

* * * * * * * * * Pink Pearl, Hinode Giri, Snow

* * * * * *R. schlippenbachil*

* * * * * * * * * * * Gable hyb.

* * * * * * Pericat hyb.

* * * * * * Southern Indians

* * * * * *R. reticulatum*

* * * * *R. vaseyi*

* * * * * * Glacier, Delaware Val. White

* * * * * Knap Hill hyb.

* * * * * Ghent hyb.

* * * * * *R. flammeum*(*speciosum*)

* * * * * *R. alabamense*

* * * * *R. atlanticum*

* * * * * *R. periclymenoides*(*nudiflorum*)

* * * * * Back Acre hyb.

* * * * * * * * * N. Tisbury hyb. (Late Love)

* * * * * * Robin Hill hyb.

* * * * * * * * * * Satsuki hyb.

* * * * * * * * * (early form) *R. calendulaceum*

* * * * * * * * *R. viscosum*

* * * * * Gumpo

* * * * * Warai jishi

* * * * * * *R. bakeri*

R. prumifolium * * * * * * * * * * * * * * * * *

R. arborescens * * * * * * *

R. serrulatum * * * * *

는 것도 있다. 보통 20일 이상은 꽃이 핀다.

휴면타파는 10℃ 이하의 온도에서 4~8주 지나면 타파되는데, 서울지방의 경우 11월까지는 무가온상태에 둘 필요가 있다. 분화용 아잘레아는 10℃에서 6주 저온처리가 보통이다.

온대지방에서는 겨울 동안 휴면이 타파되고 온도가 상승되는 봄이 되면 꽃이 피지만 미국 남부 지방에서는 일부 또는 전부가 일찍 꽃 피는 경우도 있다. 건기(乾期) 후에 비가 충분히 오면 다시 신장이 이뤄지고 다시 꽃눈이 생기곤 한다. 미국의 더 남쪽에서는 겨울이 오기 전 3번 반복하는 경우도 있다 한다.

종류에 따라서는 한여름에 기부에서 왕성한 신장을 하여 도장지와 같은 큰 가지가 나와 골격을 이루는 것이 있는데 수형을 만들 때 이 가지가 이용되기도 한다(예 : 왜철쭉 분재).

북위 6° 지역에서의 벨지안 아잘레아는 연중 꽃이 핀다. 이것은 새싹이 나와 꽃눈이 생기고 꽃이 피는 일을 반복한다. 그러나 일시에 많은 꽃이 피지 않고 몇 개씩 피어 관상가치는 높지 않다.

철쭉류의 꽃눈분화 조건에는 온도가 가장 중요하다. 분화용철쭉류는 18~25℃에서 분화하며 7~8월에 이루어진다. 조생종일수록 빠르고 만생종일수록 늦다. 꽃눈분화를 생장조절제로 촉진시킬 수도 있는데 daminozide나 chlormequat를 잎과 줄기에 처리하기도 한다. 처리 후는 3~4일간 관수를 하지 말아야 하며, daminozide는 400~800배에 1~2회 처리가 알맞다. 왜화제 처리는 그 외에도 절간(節間)신장 억제 및 잎의 색깔을 좋게 하는 효과도 있다. 자세한 내용은 뒤에 다시 언급하겠다.

7. 철쭉류의 잎

(1) 잎의 크기

초노스키철쭉(*R. tshonoskii*)은 잎의 길이가 8mm~1.3cm밖에 안되고 엽폭은 4mm~1.6cm정도이다. 그러나 황철쭉은 13cm~15cm나 된다. 엽장(葉長)을 볼 때 일반적으로 상록철쭉은 2.5~5cm 정도이지만 낙엽철쭉은 8~10cm 정도가 된다(그림 V-7).

(2) 낙엽과 상록

크게 상록과 낙엽으로 나눈다. 겨울철 낙엽 여부에 따라 나눈다. 상록종은 대체로 난지인 동아시아에 자생하고 낙엽종은 한지나 고산지역에 많다. 낙엽철쭉류는 대체로 내서성(耐署性)이 없기 때문에 미국의 경우 펜실바니아 이남에서는 재배가 곤란하다. 상록철쭉의 잎은 봄잎과 가을잎 두 형태를 갖는다.

봄잎은 개화기에 펴 있는데 가을잎보다 더 크고 엷다. 봄에는 옥신호르몬이 많이 분비되어 잎이 크다. 일반적으로 봄잎은 가을에 낙엽이 지며, 가을에는 단풍이 물들고 떨어진다. 가을잎은 초여름에 피는데 봄잎보다 적은데 그 이유는 옥신호르몬 생산량이 적기 때문이다. 일반적으로 진하며, 더 두껍고 정부(頂部)의 가지에 밀생(密生)한다. 이 잎은 다음해 봄까지 붙어 있으며 인디카 아잘레아는 3년 넘게 붙어 있다.

1. *R. nakaharai*
2. *R. serphyllifolium*
3. *R. reticulatum*
4. *R. macrosepalum linearifolium*
5. *R. sataense*
6. Kurume Hybrids
7. *R. kiusianum*
8. *R. simsii*
9. *R. canescens*
10. *R. indicum*
11. Knap Hill Hybrid
12. *R. schlippenbachii*
13. Southern Belle(variegated)

〈그림 V-7〉 철쭉류의 잎 형태와 크기

한편 낙엽철쭉과 상록철쭉은 기후에 따라 달라진다.

예컨대 *R. serrulatum*은 낙엽철쭉이지만 동계에도 따뜻한 미국 플로리다에선 겨울에도 낙엽되지 않는다. 한편 산철쭉은 여름잎(가을잎)이 봄잎과 함께 중부 이북지방에선 낙엽이 된다. 따라서 상록철쭉이라도 추운 지역에선 많이 낙엽지고 일부만 상록으로 남아 있다. 반상록이란 말이 있는데 이는 온실이나 좀 따뜻한 곳에선 상록이지만 추운 곳에선 대부분 낙엽되는 것을 말한다.

1. Knaphill hybrid
2. *R. japnicum*
3. *R. quinquefolium*
4. *R. schlippenbachii*
5. *R. reticulatum*
6. *R. canescens*
7. *R. nudipes*
8. *R. weyrichii*
9. *R. vascyi*

〈그림 V-8〉 철쭉류 잎의 여러 가지 모양

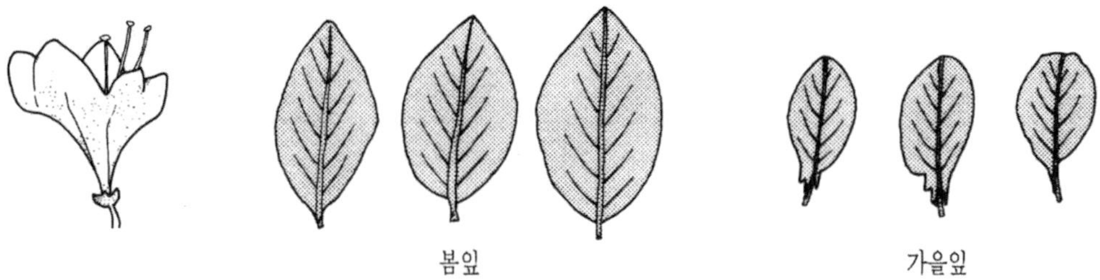

〈그림 V-9〉 왜진달래(품종 : 시로기리시마)의 봄잎과 가을잎 모양

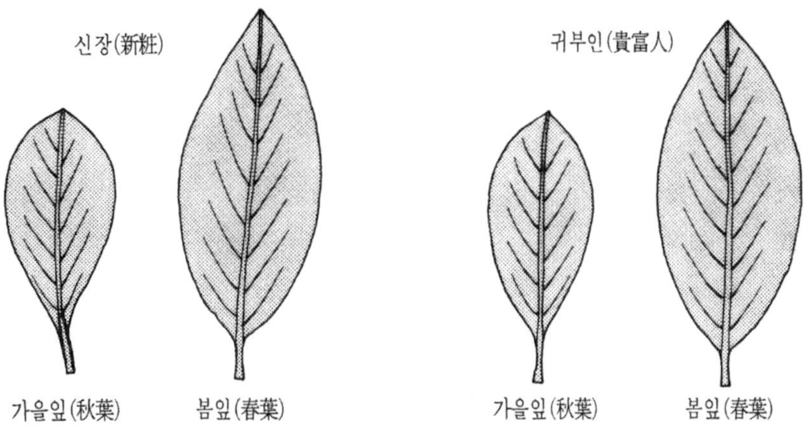

〈그림 V-10〉 눈철쭉의 봄잎과 가을잎 모양

VI. 철쭉류의 번식

실생(實生 : 종자가 발아하여 생긴 유식물) 삽목(揷木 : 꺾꽂이) · 접목(接木 : 접붙이기) · 취목(取木 : 휘묻이) · 조직배양 등 어느 방법도 가능하나 주로 상록성 철쭉은 삽목으로, 낙엽철쭉은 실생에 의해 번식이 되며 접목과 조직배양도 많이 하고 있다.

1. 종자번식

(1) 파종방법

삽목번식이 어려운 대부분의 철쭉류는 종자로 번식한다.

한편 육종할 때는 종간(種間), 품종간(品種間) 교잡을 하게 되는데 교잡종자는 실생에 의해서만 가능하다. 한편 타가수정(他家受精) 식물을 가지고 자가수정을 여러 세대 하면 순계가 되는데 순계

〈표 VI-1〉 황철쭉 종자 발아

종자입수		발아율(%)	m^2당	
1l당	1kg당		파종량	득묘수
800,000	3,300,000	20~35	8cc(약 2g)	주 800(1년차)

또는 고정종(종자에 의해 파종 · 육묘해도 형질분리가 일어나지 않는 종자)의 유지 · 보존도 종자번식에 의해야 된다. 4~6월에 꽃 핀 후 수정시키면 종자가 맺히는데 가을인 10월 중 · 하순경이 되면 갈색으로 변한다. 열매가 갈색으로 변하기 전 녹색상태에서도 종자는 발아가 된다. 열매는 삭과(蒴果 : capsule)로써 건조시키면 윗부분이 갈라지면서 종자가 나온다. 종류에 따라 차이가 있으나 상록철쭉의 경우 1과실당 100~500개의 종자가 들어 있다(〈표VI-1〉 참조)

채취 후 바로 파종해도 발아가 잘되지만 저온건조 저장 후 봄에 파종하거나 원하는 시기에 파종해도 좋다. 가장 이상적인 파종방법은 수태에 파종하는 방법이다.

수태는 자체 중량의 10~20배를 흡수할 정도로 보수력이 높고, pH는 4.5로 발아에 알맞으며, 각종 영양소도 미량이 들어 있어 이식 전까지 건전모 생산에 적합하다. 또한 수태는 살균력이 있어 살균제 처리가 필요 없다. 철쭉류의 종자는 광발아 종자로서 복토는 하지 말아야 한다. 발아적온은 16~24℃이므로 미스트장치를 하면 좋다. 2~4주 후면 싹이 트는데 차츰 커지면서 나무가 단단해지면 옮겨 심는다.

파종용토는 수태 한가지만 쓰지 말고 밑에 3/4을 모스피트 1+펄라이트 1의 비율로 섞어 깐 다음 상단 1/4 만 수태를 덮고 파종하는 방법도 좋다. 또는 용적비(容積比)로 수태 3+펄라이트 1로 섞어 파종해도 된다. 수태는 가위로 잘게 썰어 삶은 후 흙이나 불순물을 제거한 다음 사용한다. 최근에는 플러그(plug)판을 사용하기도 하는데 플러그판 중 깊이가 얕고 구멍수가 많은 것에 파종하는 것이 좋다.

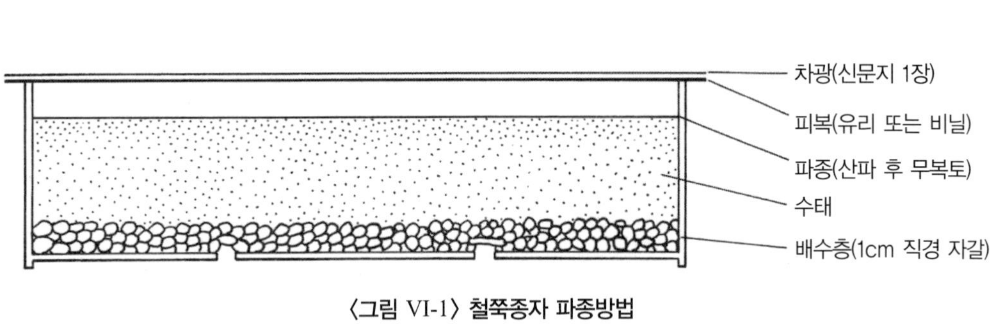

〈그림 VI-1〉 철쭉종자 파종방법

(2) 가 식

초장이 1.3~2.5cm 정도 자라면 플러그판이나 상자에 이식한다. 이식용토는 모스피트 1+펄라이트 1의 비율로 섞어 쓰든지 잘게 썬 수태 한 가지에만 이식하든지 한다. 이식거리는 4cm×4cm 간격으로 하여야 하는데 4~5cm크기의 플러그판에 이식해도 좋다. 이식용토에 있어서 제일 중요한 것은 통기성이 좋음으로써 충분한 산소 공급을 시키는 일이다.

1년 정도 육묘 후 옮겨 심고 정원에는 3년생 묘가 가능하다. 50%차광상태에서 잘 자라므로 직사광은 피해야 한다.

2. 삽목번식

상록철쭉 번식은 대개 삽목으로 번식시키며, 낙엽철쭉류 중 Exbury · Knaphill 등의 많은 품종도 삽목이 잘되므로 활용하고 있다. 만병초도 많은 품종이 가능하다.

(1) 상록철쭉

당년에 자란 가지가 반 정도 단단해진 상태인 반숙지를 삽목하는 것이 발근이 제일 잘된다. 따라서 온실에서는 연중 가능하지만 대개 4월부터 하며 노지에서는 6월 중 · 하순 장마철이 적기이다. 이때는 새싹이 나와 반 정도 단단해진 상태가 된다. 삽수가 아주 모자랄 때는 전년에 자란 가지를 이용해도 되지만 발근이 늦고 발근수가 적다.

삽수는 충실하게 기른 모수(母樹)에서 충실한 가지를 잘라 사용한다. 삽수길이의 경우 소형품종은 3cm, 중형품종은 3~5cm, 대형품종은 6~7cm 정도로 자른다. 삽수는 건조시키면 절대 안되며 물을 충분히 흡수시켜 서로 잎이 맞닿지 않을 정도의 간격으로 삽목한다. 또한 삽수는 한낮이나 건조기를 피하고 아침에 채취하는 것이 좋으며, 바로 삽목하는 것이 좋지만 삽목이 늦어질 때는 수태 등 보습력이 있는 곳에 비닐 또는 신문지로 싸두었다가 쓴다. 이때 잎의 윗부분은 노출시켜 환기가 되도록 하고 광합성 운동을 계속 할 수 있게 해야 한다. 며칠 동안 삽수를 보관해야 할 경우에는 5~6℃의 냉장고에 저장도 가능하다. 옥신류의 발근촉진제는 발근에 도움을 주니 사용해도 좋으며, 미스트(안개 같은 입자의 물)조건이나 다습조건도 발근에 좋으나 과습고온시에는 각종 병해발생 염려가 크기 때문에 살균제 (예 :벤레이트)처리나 습도가 적은조건 유지가 필요하다.

삽목용토는 2/3 피트모스+1/3 펄라이트나, 피트모스 1+모래 1의 용적비로 섞어 쓰든지 피트모스 1+펄라이트 1의 비율로 섞어 쓴다. 부득이한 경우에는 국내산 재료 모래 5~7에 적토 3~4의 비율 또는 모래나 피트모스 한 가지 단용(單用)도 가능하다. 삽목 깊이는 2.5cm 삽수인 경우 길이의 반은 흙 속에 꽂히도록 한다. 삽목 후는 충분한 관수하여 삽수가 충분히 안착되도록 하고, 50~70% 차광 상태에서 건조하지 않도록 한다. 보통 4~6주면 발근되는데 이식하기에 적당한 기간은 8~9주까지 가기도 한다.

발근온도는 18~23℃ 범위가 좋으니 지중 저열장치로 24℃로 해줘도 좋다. 비료를 물에 타서 뿌려줄 때는 매우 낮은 농도로 해야지 고농도로 하면 피해가 매우 크다. 전등조명은 발근에 도움을 주며, 발근묘는 4℃에 20일 정도 저장이 가능한 것으로 보고되고 있다.

(2) 낙엽철쭉

상록철쭉보다는 발근이 어렵지만 겐트(Ghent), 몰리스(Mollis), 엑스부리(Exbury) 교배종과 기타 일부는 삽목이 가능하다. 그러나 이들은 품종에 따라 대단히 차이가 크다. 철쭉 중 포복성인 것은 그렇지 않은 종보다 발근이 잘된다. 낙엽철쭉의 삽목에는 두 가지 문제점이 있는데, 첫째는 우선 발근시키는 것이고, 둘째는 발근 후 새싹을 내는 일이다.

발근 후 꽃눈이 형성된 것이나 새싹이 나오는 것은 월동시 많이 죽는다. 상록철쭉보다 좀 일찍 녹지삽목(soft wood)하는 것이 성적이 좋다. 네덜란드에서는 주로 밀폐삽목을 하는데 다른 관상수와 함께 (3)항에서 소개하겠다.

(3) 밀폐삽목 번식 소개

〈표 VI-2〉 는 네덜란드 농장에서 법전처럼 쓰이는 모든 삽목이 가능한 수종의 삽목방법 몇 가지를 예를 든 것이다. 즉,낙엽철쭉류는 5~6월에 깊은 상처를 내어 모스피트에 밀폐삽목하라는 내용이다. 실생번식이나 접목번식에 관한 서적도 물론 만들어져 있다. 그러면 서양에서 주로 사용되는 번식법 중 최근 우리 나라에서도 이용되고 있는 밀폐삽목에 대해 설명하기로 하겠다. 이 밀폐삽목을 우리 나라 실정에 맞는 번식법으로 이 기술을 잘 이해하여 철쭉을 포함한 많은 나무에 이용하였으면 한다. 이는 필자가 네덜란드 관상수 연구소에서 1년간 체재하면서 연수한 기술로서 국내에 널리 보급하였으면 하는 기술이다.

① 밀폐삽목 번식이란?

지금까지 알려진 삽목상 중에서 발근에 좋은 환경을 주는 시설로는 분무온실(mist실)과 밀폐삽목실이다. 유럽의 번식실은 밀폐실이거나, 미스트실 둘 중의 하나이거나, 미스트실에 비닐로 밀폐시켜 두 가지 시설을 한데 합친 복합적인 시설이다. 그러나 미스트실(분무장치온실)은 시설비가 무척 많이 들어 곤란한 경우가 있지만, 밀폐실의 경우 적은 시설비로 발근율은 미스트실과 비슷한 결과를 얻을 수 있다.

발근이 잘 되는 포플러류 · 병꽃나무 · 조팝나무 · 버드나무와 같은 종류는 물론 이러한 시설이 필요없다. 이들은 겨울 동안 가삽했다가 이른봄 포장에 직접 삽목하면 되는 것이다. 그러나 발근이 자연상태에서 잘 되지 않는 대부분의 나무는 녹지삽을 하면 발근율이 크게 향상되고, 잎이 달려 있는 삽수는 발근에 매우 유리하게 작용한다. 이때에 잎은 계속 모수(母樹)에 붙어 있을 때와 거의 마찬가

〈표 VI-2〉 화란 양묘장의 표준 삽목 방법(1974. Van Elk)

한국명	학명	삽목시기	삽목상토	깊은 상처	발근촉진물질		살균제혼합 (Captan)
					용액 또는 분말	발근 촉진제	
			3/	1/			2/
단풍나무	*Acer palmatum* 'Atropurpureum'	5~6월	토탄 2+모래 1	+	분말	IBA 1%	+
낙엽철쭉 (냅힐, 몰리스)	*R. mollis*	5~6월	전체 토탄	+	–	사용 않음	–
벨베리스툰베르지 (매자나무류)	*Berberis thunbergii*	8~9월	토탄 2+모래 1	+	–	사용	–
부들레아	*Buddleia davidii*	3~5,7월	토탄 4+모래 1	+	분말	IBA 1%	–
편백	*Chamaecyparis lawsoniana* 'Lane'	10~3월	토탄 4+모래 1		용액	IBA 100 ppm	– +
안개나무	*Cotinus coggygria* 'Royal purple'	5~6월	토탄 4+모래 1	+	용액	IBA 1%	–
향나무	*Juniperus chinensis* 'Keteleeri'	9월	토탄 2+모래 1	+	용액	IBA 100 ppm	+
자목련	*Magnolia liliflora* 'Nigra' 이하 생략	7월	토탄 2+모래 1	+	분말	IBA 2%	–

1/+는 깊은 상처, –는 불필요. 2/ : +는 혼합, –는 불필요 3/ :토탄은 피트모스를 의미함.

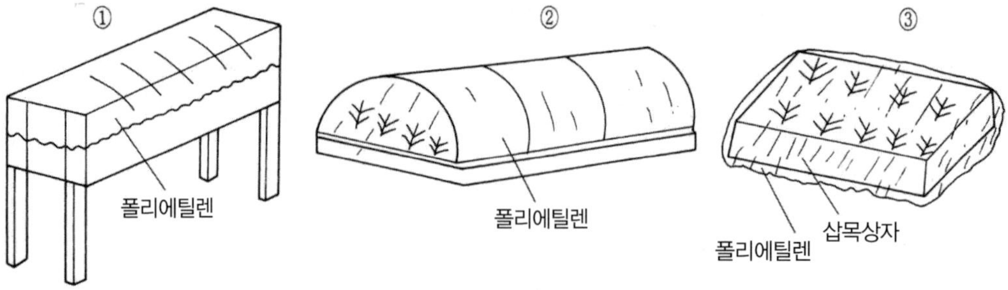

① 용기밀폐실 :용기 안에 삽목을하거나 삽목상자를넣는다.
② 터널밀폐실 : 활죽 · 철사 · 플라스틱으로 터널을 치며 밀폐 시킴.
③ 직접 밀폐시킴 : 삽목 상자를 폴리에틸렌으로 직접 밀폐시킴.

〈그림 VI-2〉 하우스 또는 온실 안의 밀폐실 구조 종류

지로 증산작용을 하고 생리작용을 한다. 만약 증산량이 흡수량에 미달되면 고사해 버리게 될 것이다. 삽수가 뿌리를 낼 때 까지 고사되지 않고 생리활동을 계속시키는 것이 무엇보다 중요하다. 이때 증산을 억제시켜 주는 방법으로, 비닐 등으로 밀폐시켜 습도를 높여 증산을 억제시키는 방법을 밀폐삽목이라 한다.

생리작용중에는 발근에 가장 중요한 발근촉진 물질 , 즉 옥신 또는 코팩터(co-factor) 합성이 매우 중요하다. 그러면 밀폐실 환경조건이 여러 가지 삽수에 미치는 영향과 밀폐실 관리에 알아둬야 할 일반적인 지식을 설명 하겠다.

② 밀폐실의 습도

삽수는 발근될 때까지 말라죽지 말아야 되며, 그렇게 하기 위하여는 관계습도를 포화습도에 가깝게 만들어 줘야 한다. 미스트실은 잎에 수막을 형성시켜 증산을 억제시켜 주지만 밀폐실은 포화습도 상태에 의해 중산을 억제시켜 준다. 미스트실로 분무를 하고 있는 동안에는 100%습도를 유지시켜 주나 밤에 작업이 중단되어 있을 때는 42%로 떨어지기도 한다. 그래서 미스트(분무장치)시설과 밀폐장치를 병행해서 실시한 결과 우수한 효과를 얻기도 한다. 일부 덴마크에서는 이러한 방법을 실용화화고 있었다. 밀폐실에 대해서 모르는 사람은 이러한 시설이 꽤 어마어마한 시설로 생각하기가 쉽다. 그러나 밀폐실이란 엷은 비닐(가능한 한 엷은 것)이나 폴리에틸렌으로 덮어서 외부와 차단시켜 가능한 한 틈이 없이 밀폐만 시키면 된다.

이때 사용되는 비닐두께는 0.017mm의 폴리에틸렌을 쓴다. 네덜란드에서 주로 쓰는 밀폐방법은 여러가지가 있다. 〈그림 VI-2〉는 밀폐시키는 여러 가지 방법을 표시해 주고 있다. 〈그림 VI-2〉에서 ①은 벤치나 베드 또는 용기의 높이를 높여 그 안에 삽목을 하거나 삽목한 상자를 넣어서 밀폐시키는 방법이다. ②는 터널을 쳐 밀폐실을 만드는 방법이다. ③은 삽목상자에 직접 폴리에틸렌을 피복하는 방법으로 삽수와 폴리에틸렌과 맞닿아 있게 된다. 그 외의 방법은 이러한 피복재료를 유리로 밀폐시키는 방법이 있다. 더블 글래스(double glass)밀폐실이라고 한다. 이러한 밀폐실은 유리온실이나 비닐하우스 안에 설치 되는 것은 물론이거니와 간혹 프레 임 (frame : 온상 또는 냉상)을 사용하기도 한다.

필자가 발근시험 도중 〈그림 VI-2〉의 ①과 같은 벤치 안에 습도를(10시 현재) 재어본 결과 100%에 가까운 반면 터널을 친 것은 대부분 95%정도였었다. 즉, 그림 ①의 쪽이 포화습도에 가까웠다. 그리고 발근율도 ①의 쪽이 유리한 결과를 가져오고 있었다.

③ 삽목상의 수분공급

삽상에 주는 물의 염류 함량이 너무 높을 경우 염류 집적의 해를 본다. 특히 미스트실에서는 계속해서 또는 일정한 간격으로 안개를 뿜어대기 때문에 염류 함량이 높은 물을 사용하면 그 해(害)가 바로 온다. 증상은 잎 가장자리가 누렇게 되어 퇴색되며, 나중엔 갈색으로 변하여 고사된다. 그러나 밀폐실에서는 미스트실에 비하여 염류 집적의 해를 별로 받지 않는다. 보통 삽목상에 사용할수 있는 물의 염류함량은 총염류량이 400~500ppm 이하여야 되는데 식용염인 경우(NaCl)는 135~165ppm 이하여야 된다. 이는 분무실(mist 실)이건 밀폐실이건 이 이상의 염류량은 사용한계선을 넘는 것이 된다. 그러나 같은 조건에서도 밀폐실은 미스트실에 비하여 염류의 해를 덜 받는다. 그 이유는 밀폐실은 관수량이 미스트실에 비하여 많지 않기 때문이다.

어떤 사람은 밀폐실에 삽목할때 한차례 물을 흠뻑 주면 발근될 때까지 물을 안줘도 된다고 생각하는 데 그것은 큰 오산이다. 따라서 밀폐실을 가끔 환기 (1주에 1~2회)시켜 주고 물을 보충시켜 줘야 한다.

알맞는 삽목용토의 수분함량은 필자가 실험해 본 바에 의하면 식물종류에 따라 요구하는 수분량이 달랐다.

서양 만병초(*Rhododendron catawbiensis*)의 삽상에선 60~80%(포장용수량의)의 수분함량을 가진 시험구(区)가 발근율이 제일 좋았지만 쿠푸레쏘 씨파리스(*Cupressocyparis leylandii*)는 40~60%의 범위가 오히려 좋은 결과를 가져왔다. 이러한 것은 식물의 종류에 따라 각기 다른 배양토를 써야 된다는 이론을 가르쳐 주고 있다.

네덜란드의 양묘업자들은 오랜 경험을 통하여 이 수분치를 알고 있었다. 즉, 대략 배양토에 물을 붓고 잘 섞은 다음 손으로 꼭 쥐어서 약간의 물방울이 한 방울 두 방울 손가락 틈 사이로 떨어질 때가 가장 알맞는 밀폐 삽목용토 조건이라고 한다. 이런 상태의 수분함량을 재 본 결과 시험결과와 비슷한 수치 안에 들어 갔다. 밀폐실에서 수분이 감소되는 양은 매우 크다. 만약 물의 보충이 없으면 삽목상의 수분함량은 급격히 저하된다. 필자의 실험에 의하면 100%의 수분함량(field capacity)을 가지고 있던 배양토가 46일 후에는 27.6%로 급격히 떨어졌다. 이 줄어드는 수분함량은 삽수의 발근단계에 따라 틀리며, 발근된 후에는 수분감소가 제일 많았었다.

발근상태가 좋은 구에서는 100%보충시킨 21 일 후에 재 본 결과 9.5%로 떨어져 고사직전까지 놓여져 있었다. 1 주일에 1~2회 공기순환을 시키고 관수를 하는 것은 산소공급뿐 아니라 병충해 발생을 수시 점검하여 약제 살포를 해주는 데도 필요하다.

너무 건조한 구에서는 오직 과다한 캘러스(유상조직)만 형성되고 발근이 되지 않았으며 , 너무 많은 수분을 가진 구는 산소부족으로 발병률이 높았고 발근율이 떨어졌다.

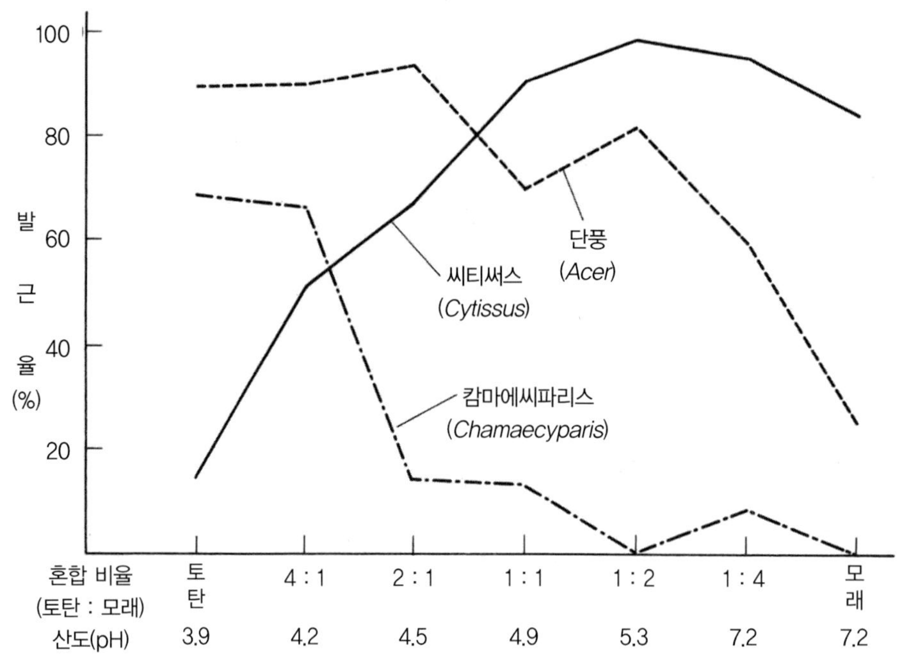

〈그림 VI-3〉 배양토의 종류별 산도와 발근율(1974 : Van Elk)

④ 밀폐실 상토의 산도와 발근

서구에서는 밀폐실의 삽목용토로서 대부분 모스피트(갈색 토탄)을 쓰며 간혹 백색 토탄을 사용하기도 한다. 분무실 (mist실)에는 순모래를 쓰거나 황토가 약간 있는 모래를 사용하지만 밀폐실에는 주로 토탄을 사용하는 것이다. 토탄은 산성이 매우 높아 단용(單用)했을 때는 산도(pH)가 3.9까지 내려간다. 네덜란드의 부어(S.De.Boer)박사는 산도와 발근과의 관계를 〈그림 VI-3〉과같이 설명해 주고 있다.

씨터써스는 산도(pH) 5.3에서 발근이 잘 됐지만 단풍은 산도(pH) 4.5에서 가장 발근율이 높았다. 그리고 토탄과 모래와의 혼합에 따른 산도(pH)의 변화도 보여주고 있다. 이 성적은 오직 산도만 가지고 발근율을 논한 것인데 그것은 절대적이라고 할 수 없으며, 토양 중의 수분함량도 같이 생각해야 될 것으로 생각한다. 코르막크(Cormack, 1965)씨는 봉숭아꽃의 삽목에 pH 6이 가장 좋았고, pH 11까지 차차로 유상조직덩이는 줄어들었으며 뿌리도 차츰 없어졌다고 하였다. 그러나 일반적으로 가장 무난하며 알맞는 산도는 pH 5.5 ~ 6.5이다(H. F.Weich 1970) , 그러나 삽목용토의 산도도 중요하지만 그것보다 더 중요한 것은 사용하는 물의 산도가 더욱 중요하다.

⑤ 밀폐실의 광(光)

일반적으로 삽목상에 가장 알맞는 수광량(受光量)은 삽수가 시들지 않는 범위에서 가능한 한 많이 받는 것이 좋다. 왁스만(Waxman, 1965)에 의하면 보통 광은 정오에 10,000풋 캔들(foot candle)이 되며 유리온실내에서는 7,000풋 캔들쯤 된다. 대개 호광성 식물은 최고 2,000풋 캔들에서 일반적으로 잘 자라고 호음성 식물은 500~200 풋 캔들에서 좋게 자란다. 왁스만씨는 블루베리 (blueberry) 삽상의 광도를 다르게 조명하여 발근율을 봤는데 110~195 풋 캔들에서 제일 발근율이 좋았다. 보통 우리는 자연광의 50%차광을 이상적인 삽목상의 광량(光量)이라고 하나 서부유럽의 50%광량과 우리 나라의 광량과는 판이하게 틀린다. 우리나라는 훨씬 맑은날이 많다.

필자가 네덜란드에 있는 동안 맑게 개인 날은 헤아릴 수 있을 정도로 1년 내내 흐린 날이 많았다. 그러나 우리 나라는 너무 강렬한 햇빛이 내려 쪼이며 맑은 날이 대부분이다. 오직 장마철에만 1년 강우량의 60~70%의 비가 퍼붓고 그 외의 시기는 건조한 편이다. 이러한 사실은 특히 우리 나라에서는 삽목상의 광 관리를 철저히 해야 되는 것을 알으켜 주고 있다.

몇 시간의 따가운 햇빛이 삽목상에 내려쪼이면, 연약한 삽수일 경우 모든 수고는 하루 아침에 죽어

〈표 VI-3〉 차광시의 조도 비교(비닐하우스내 1974 국립 특작 원예원)

(단위 : Lux)

구분 \ 월	7월	8월9월	평균	투광률(%)	
무처리	37,800	22,652	16,745	25,732	100
백색 한냉사 1매 피복	26,667	15,992	11,822	18,160	70.6
청색 한냉사 1매 피복	16,783	10,058	7,435	11,425	44.4
흑색 한냉사 1매 피복	14,025	8,404	6,212	9,547	37.1
발 1매 피복	14,025	8,404	6,212	9,547	37.1

날려버릴수 있다. 여름철 삽목상의 차광은 필수적이다.

차광재료에 있어서 네덜란드에서는 주로 나무 발(timber lath)이나 한냉사로 차광하지만 요사이 새로운 제품이 계속 생산되고 있어 편리하다. 이 중 알미늄판으로 만든 차광망이 효과적이다. 대개는 플라스틱제품이며, 그 외에도 각종 재료가 있는데 자연광을 20~70%까지 차광시켜 줄 수 있는 제품들이다. 우리 나라에서 주로 사용하고 있는 갈대 발은 차광제품으로써 매우 이상적이나 값이 비싸 플라스틱 제품인 차광망을 사용한다. 자연상태에서 조사한 바에 의하면, 보통 갈대 발 1매로 피복한 비닐피복구 안의 투광량이 자연광의 21.6%로써 조도평균을 볼 때 7월에는 8,165룩스, 8월엔 4,893룩스, 9월에는 3,617룩스 정도였다. 〈표 IV-3〉은 각 차광재료별 차광 정도를 보여주고 있다. 부드럽고 질긴 플라스틱으로 만든 차광제품은 내구년한이 길어 수십년을 쓸 수 있는 반면 갈대 발이나 콜탈을 칠하지 않은 나무 발은 몇 년밖에 못쓴다,

⑥ 밀폐실의 온도

삽상의 온도는 식물종류에 따라 약간씩은 틀린다. 그러나 일반적으로 낮에는 20~27℃, 밤엔 15℃가 가장 알맞은 상태이다. 그러나 서양 만병초(*Rhododendron*)의 실험에서 반 엘크(Van Elk, 1973)는 18℃ ~ 20℃ 가 가장 알맞다고 하였고, 캘러스(callus)를 형성할 초기에 20℃ 이상으로 주면 캘러스만 과다하게 형성하여 발근에 불리한 영향을 주었다고 하였다. 이러한 현상은, 고온은 삽목상토의 증산을 촉진하고 삽목상토를 건조시켜 캘러스(유상조직)형성을 과다하게 해 주었기 때문이다 .

⑦ 밀폐실의 병해

밀폐실의 환경은 다습하기 때문에 병 발생에 가장 알맞는 상태가 된다. 높은 습도, 병균 번식에 알맞는 온도 그리고 그리 강하지 않는 햇빛 등의 환경은 발병(發病)에 유리한 환경들이다. 특히 제일 많이 발생하는 병은 보토리티스병(회색곰팡이병)으로 골치를 앓고 있다. 그래서 유럽에서는 삽목하기 전에 삽수 기부의 절단부위와 상처부위에 살균제 분말을 발근촉진제와 같이 묻혀서 삽목한다. 이때 사용하는 살균제는 주로 캐프탄 10%분말을 사용한다. 간혹 살균제 용액에 삽수를 잠시 담갔다가 꺼내서 삽목하는 경우도 있지만 이때는 목본식물로서 조직이 질긴 류가 아니면 사용하지 않는다. 캐프탄 분말을 삽수 기부에 묻혀 삽목하는 방법은 앞으로 우리 나라에서 많이 사용했으면 하는 방법 중의 하나이다. 특히 발근기간이 긴 식물은 더욱 필요하다. 간혹 밀폐실의 공기순환시에 병 발생을 예의주시하여 발생의 기미가 보이면 오소사이드(일반명: 캐프탄)를 뿌려주든지 유파린을 살포해 주면 좋은 효과를 볼 수 있다. 네덜란드에서는 밀폐실 삽목상의 병 방제에 유파린을 살포한다.

3.취 목

어느 종(種)이든 줄기를 땅에 묻어 고정시키거나 높이떼기 또는 성토(盛土)를 시키면 발근이 되며 발근된 후 분리시켜 하나의 식물체로 옮겨 심는다. 시기는 늦봄이나 여름이 좋지만 생육기의 어느 때라도 가능하다. 가장 보편적인 방법은 성토법(盛土法, mound layering)으로 흙으로 성토해 뒀다가 발근되면 분리시킨다. 경제성이 없기 때문에 취미원예 또는 발근이 어려운 종에 국한한다.

4.접목

구미에서 삽목에 이어 가장 보편적인 방법 중의 하나이다. 가장 많이 번식되는 종은 냅힐(Knaphill), 몰리스(Mollis), 겐트(Ghent) 등 낙엽철쭉과 만병초에서 실시한다.

대목(台木)은 뿌리가 움직여 활동이 시작할 때가 좋고, 삽수(揷穗)는 휴면상태일 때나 양분축적기가 좋다. 접목(接木)은 온실내에서 이루어지며 휴면기 대목생장을 위해서 온실을 사용한다. 대목은

8~10cm의 토분에 심어 1년 동안 뿌리가 안착된 것을 쓰는 것이 접목할 때 취급하기가 좋다. 일본에선 간혹 왕자색 철쭉(*R. oomurasakii*)을 쓰지만 네덜란드에선 냅힐이나 겐트 철쭉의 접목용 대목으로 루테움 철쭉(*R. luteum*)을 쓴다.

접목방법은 복접(服接) 또는 설접(舌接)을 취한다. 네덜란드에서는 합접(合接)과 설접을 주로 하는 데 7월경에 대목의 중간쯤을 비스듬히 자르고 그 자리에 잎이 있는 접수를 합접한 후 고무줄로 묶어 비닐로 피복한 밀폐실에 넣는다. 접목끈은 실이나 고무줄로 묶어준다.

접목상(接木床)의 적온은 21℃(접합유착기)이며, 유착된 후는 10~15℃로 낮춰 줘야 한다. 이러한 방법을 밀폐접목(密閉接木)이라 하는데 수태나 피트모스에 토분을 묻어 두고 습도를 높여 활착을 높이는 방법으로써 필자가 네덜란드 관상수연구소에서 조사한 결과 그 효과가 매우 높았다. 이 밀폐접목은 국내 화훼번식에서 매우 중요한 기술이기 때문에 소개하겠다.

(1) 네덜란드의 밀폐접목법 소개

① 네덜란드 접목 기술과 밀폐 접목

20세기에 들어와서 접목방법도 삽목방법에 못지 않게 많은 발전을 해왔다. 처음엔 접목이 잘되는 종류만 대상 작물로 하여 볏짚과 같은 것으로 묶어 접목을 하던 것이, 비닐이 나오고 왁스가 개발되면서 접목방법은 많이 변천하였다. 봄과 가을에만 하던 접목을 시설을 이용하여 연중 접목을 하고, 접목대상 작물도 광범위하게 늘어갔다. 서유럽 중에서도 접목기술이 특히 발달된 나라는 네덜란드이다. 필자가 화란 연수후 자주 유럽을 방문 하였다. 그 중 덴마크 · 영국 · 독일 · 프랑스의 관상수 농장을 견학했을 때 그들은 한결같이 네덜란드의 접목기술을 이용하고 있었다.

밀폐접목이란 접목한 후 밀폐실에 넣어 캘러스(유상조직) 발달을 촉진시키고 완전히 접수와 대목이 유합될 때까지 잎이 마르는 것을 막는 것이다. 이 밀폐접목은 온도와 습도와 광선을 조절시킬 수 있는 시설이 필요하며 집약적인 관리가 필요하기 때문에 훈련된 번식기술자가 필요하다.

네덜란드 보스쿱(관상수 생산단지)에서 밭 1정보(1ha)를 가지고 있으면 부자로 친다. 그 적은 면적에서 생산되는 양은 매우 많다. 1m^{2}에 밀식할 때는 200주를 심으니 계산을 해보면 이해가 간다. 번식이 잘 안되는 종류를 번식해서 비싸게 팔기 때문이다. 그래서 이는 협소한 면적에서 비싼 상품을 생산하기 위해서는 번식하기 어려운 것 중에서 가격이 비싼 것을 생산해야 된다. 즉, 고도의 집약재배가 요구되기 때문이다.

이러한 배경은 우리 나라와 비슷하다. 즉, 우리도 이러한 집약농법 개발을 서둘러야 한다. 왜냐하면 우리 나라도 역시 땅이 매우 협소하기 때문이다. 국토면적의 65%가 산이고 경작지라야 주곡이나 부식을 생산할 곳 외에는 별로 없다. 이제 관상수는 10° 이상의 경사진 산으로 올라갈 수밖에 없다. 논에 심어진 관상수도 옮겨야 하고 현재 밭에 심어진 관상수 외에는 앞으로 재배가 허락되지 않을 것이다. 절대농지에서 생산한다해도 시설내에서 집약재배를 할수밖에 없다.

② 접목번식하는 이유

접목의 제일 중요한 이유는 풍토적응성을 넓히고 개화 · 결실 촉진 등을 위해서 한다. 따라서 철쭉을 포함한 주요 관상수에서 주로 쓰여진다. 그러나 그것 외에도 한 식물체의 일부를 갱신시키기 위해서도 쓰며, 늦게 나타난 접목 불친화성(接木不親和性 : delay incompatibility)을 교정할 때나 병든 가지 또는 뿌리가 빈약하여 죽어가는 식물체를 살리기 위해서 교접(橋接 : bridge grafting)이나 근접(根接)이 가능하다. 늙은 나무를 새 뿌리로 갱신시킬 때도 이 방법을 쓸 수 있다.

③ 접목상(接木床) 환경

접목이 끝난 두 개의 접수와 대목을 어떻게 캘러스(유상조직)를 많이 발달시켜 접수와 대목의 유세포가 서로 엉켜서 캘러스 조직이 형성층으로 분화하고, 형성층은 목부(木部 : xylem)와 사부(篩部 : phloem)를 분화시켜 물과 양분을 서로 연결시켜 한 식물체로 만드는가에 있다. 즉, 접목활착에 제일 중요한 인자는 캘러스 발달이다. 이 환경 중에서 온도 · 습도 · 산소 · 빛 등은 가장 중요한 캘러스 형성요인인 것이다. 보통 캘러스는 사과나무에서 볼 때 0℃에서 40℃까지의 범위에서 형성되며, 이보다 낮거나 더 높으면 형성이 되지 않는다. 그러나 호두(*Juglans*)는 27℃ 부근이었고, 40℃ 이상에선 세포가 죽은 것을 발견할 수가 있었다. 그러나 이러한 적온은 식물 종류에 따라 약간씩은 틀린다. 동백의 접목묘에서는 26~30℃에서 캘러스 형성량이 가장 많았지만 사과에선 20℃에서, 적단풍 접목묘는 30℃에서 가장 많았다. 철쭉류는 18~20℃가 이상적으로 보고 되고 있다. 그러나 온도와 캘러스의 조건만 생각하기는 곤란하다. 특히 녹지접목(綠枝接木)을 할 때는 더욱 그렇다. 접수의 증산으로 인한 시들음을 막아야 하고 병이 발생되는 것도 막아야 되기 때문이다. 그래서 캘러스 형성 적온도와 활착 적온도는 같지 않은 예가 많다. 즉, 적단풍을 접목할 때 30℃에서 캘러스 형성량은 가장 많았지만 활착률은 25℃에서 가장 높았던 것이다. 우리가 요구하는 것은 활착률이기 때문에 접목상

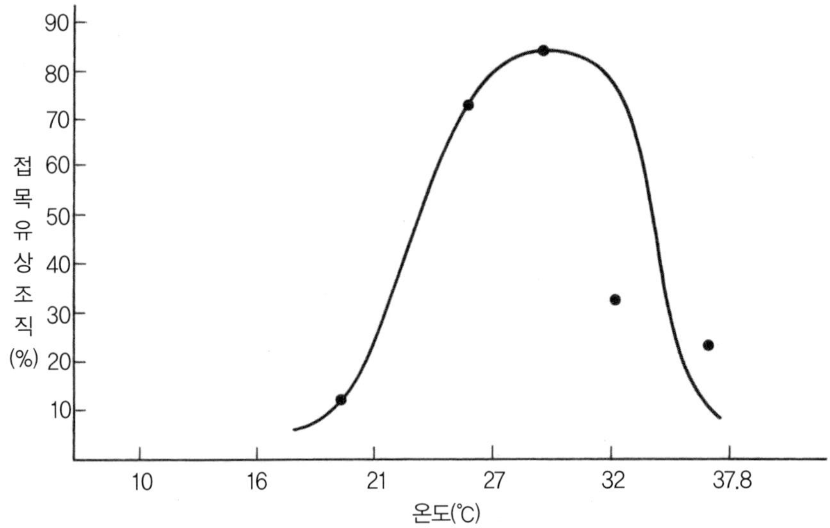

〈그림 VI-4〉 유글란스(*Juglans*) 접목묘 캘러스 형성과 온도의 영향

의 환경을 여기에 맞춰야 된다. 그래서 보통 알맞는 접목상의 온도를 20~25℃로 정하는데, 이는 수종에 따라 접목시기에 따라 약간씩 달라진다.

온도 다음으로 중요한 것은 습도이다. 접목상(接木床)의 습도는 가능한 한 포화습도를 유지시켜 주는 것이 바람직하다.

접수와 대목 사이의 접착부위에 건조를 막아주고 잎이 시들지 않게 증산을 억제시켜 주기 위해서 가능한한 포화습도를 유지시켜 주어야 한다. 이러한 이론은 전술한 밀폐삽목과 같다. 이러한 포화습도에 의한 접수의 증산억제 방법은 밀폐접목으로 발달되었다.

접수가 대목에 활착될 때까지 시들지 않고 생리작용을 계속하여 안전한 접목 활착을 기대하는 것이다. 우리 나라에서도 요사이 녹지접이 많이 실용되고 있는 것을 본다. 이때 비닐봉지를 씌워주는 것은 밀폐접목의 이론과 같으며, 접목묘를 어떠한 시설 안에서 밀폐시켜 관리할 때 이를 밀폐접목이라고 한다. 밀폐하는 방법을 볼 때 네덜란드에서는 폴리에틸렌을 쓰지만 유리로 쓰는 경우도 있다.

산소도 접합부의 캘러스 형성에 주요한 인자가 된다. 그레서 접합부에 왁스를 발라주는 것보다는 습한 물질을 접합부에 싸두는 것이 좋다. 예를 들면 수태나 버미큐라이트 등을 쓸 수 있다. 서양에서는 접목 끈을 고무줄이나 실로 쓴다. 밀폐실에 넣을 접목묘 중 활착이 어려운 것은 대부분 실을 쓰는데 이는 산소를 공급시켜 주는 한 방법이기도 하다. 그러나 접합부에 물이 들어가면 않된다.

광선은 캘러스 형성에 억제요소가 되기도 하지만 병해를 막는 데는 이보다 더 좋은 것이 없다. 그러나 많은 광선을 밀폐실에 침투시키는 것은 온도의 상승을 초래하여 고온다습으로 인한 병해발생 및 위조(萎凋 : 쇠약하여 시듦)가 되기 쉽다. 보통 자연광의 50%로 차광시키는 것이 좋다고 하지만 항상 염두에 둘 것은 고온이 되지 않게 광을 조절하는 방법이다.

(2) 밀폐접목의 실제

서양에서 하는 접목방법은 공식적이다. 왁스를 이용하여 접목해서(예 : 라일락 · 무궁화 · 자작나무 · 라부르넘 · 벚나무 · 꽃아그배나무 등) 직접 포장(圃場 : 밭 또는 농토))에 심든가 온상에 가식했다가 심는 방법, 8~9월에 아접 (芽接)하는 것(단풍 · 장미 · 쏘르부스 · 벚나무 등), 그리고 밀폐접목하는 것으로 주로 세 가지 방법이다. 접목이 잘 되는 수목은 왁스의 개발로 실용화하여 사용하고 있다. 최근 서양에서는 이른봄에 접목할 때 왁스를 많이 사용한다. 그것은 접목 후에 실로 묶고 왁스를 칠하는 것인데, 접이 잘 되는 것 외에는 잘 사용하지 않는다. 이른봄에 왁스를 칠한 접목묘는 간혹 시판이 가능하다. 서양에서는 왁스가 시판되기 때문에 문제가 안되지만 우리 나라는 만들어 써야 할 입장이다(〈표 VI-4〉 참조).

아접(芽接)은 T자 아접에서 삭아접(削芽接)으로 변화되어 가고 있는 추세이다.

네덜란드에서 밀폐접목 중 가장 많이 이용하는 수종은 상록침엽수인 편백 · 화백 · 주목 · 소나무 · 시다 · 구상나무 · 가문비나무류 등이고, 낙엽수는 삽목이 안되는 단풍 · 낙엽철쭉류 · 서양 만병초(*Rhododendron*) · 하마멜리스(*Hamamellis*) · 자작나무 · 소사나무류(*Carpinus*) 등이다. 특히 낙엽철쭉류와 만병초는 주로 밀폐접목에 의해 번식한다. 대목은 미리 전년 봄에 8~9cm의 분에 올려

〈표 VI-4〉 접목용 왁스(grafting wax) 제조 방법

1. 가열식 접밀 제조법

재료	중량 또는 용량
송진	2.3kg
벌꿀밀랍	0.35kg
아마인유	1.0ℓ
그을름	30g
그래풀	40g

*냉각되면 굳어지며 사용할 때 다시 가열하여 사용. 가열온도는 가능한 한 낮은 온도가 좋다.

2. 핸드 왁스(hand wax)

재료	비율1	비율 2
송진	4	4
벌밀	2	1
돼지기름	1	2(아마인유로 대신 할 수 있음)

*가열식이 아니고 손으로 칠해 줄 정도로 연하여 사용하기 편하다.

〈표 VI-5〉 네덜란드에서 사용하는 밀폐접목의 주대상 수종과 접목방법

종류	접목시기	대목	〈그림 VI-5〉참조
가문비나무류	8월	*Picea excelsa*	2
시다	8~9	*Cedrus deodara*	2
편백	3~4 또는 8	*Chamaecyparis lawsoniana*	2
향나무	4 또는 9	*Juniperus virgiana*	2
주목	8~9	*Taxua baccata*	2
하마멜리스	8~9	*Hamamellis virgiana*	1 또는 2
단풍	2 또는 7	*Acer palmatum, A. platanoider*	1 또는 2
낙엽철쭉(Exbury, Knaphill, Mollis)	6~7	*R. pontica*	1 또는 3
서양만병초	12~2	*Rhododendron ponticum*	1 또는 3
카르피누스	8~9	*Carpinus betulus*	1 또는 3
화거스	2	*Fagus sylvatica*	2 또는 3

활착된 것을 이용한다. 그러나 뿌리의 근괴(根塊 : root ball)가 형성이 잘 되는 아잘레아 · 폰티큼이나 칼피누스와 같은 것은 분에 올릴 필요가 없다. 서양에서 주로 사용하는 접목방법과 시기 그리고 사용대목은 〈표 VI-5〉와 같다. 〈그림 VI-5〉에서 접목방법 ①은 보통 우리 나라에서 하는 절접방법(切接方法)과 동일하다. 그러나 우리 나라에서는 장미 · 꽃사과 등을 접할 때 숙지접(熟枝接)을 하

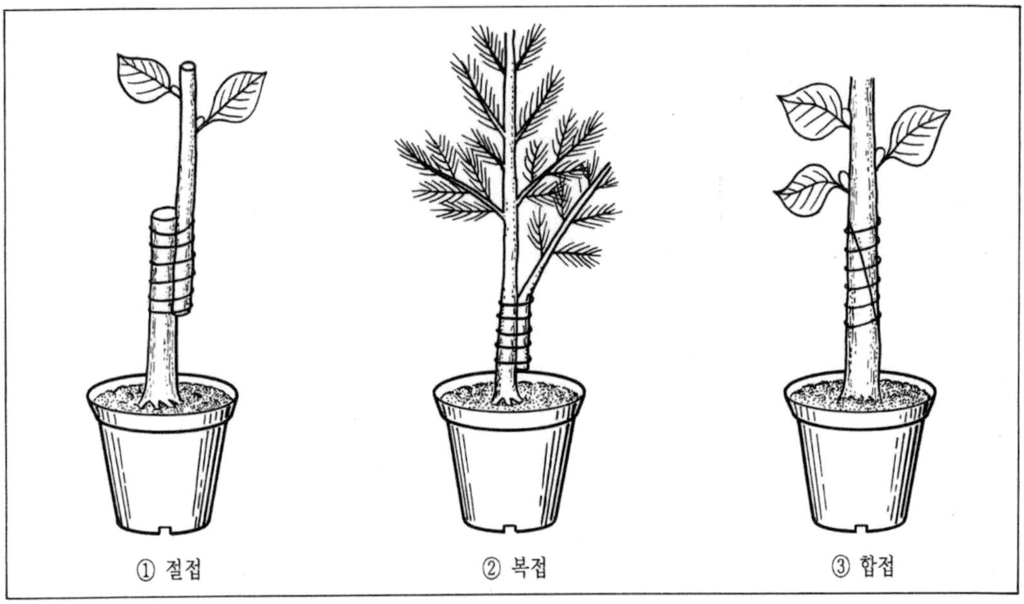

〈그림 VI-5〉 각종 접목 방법

는 게 보통으로 밀폐접목을 할 때는 숙지 접목을 하는 경우도 있지만 녹지접목을 하는 경우가 더 많은 것이다. 칼피누스 등 접목은 여름에 접목한다.

접목방법을 대략 설명하면, 접을 한 후에는 포리에티렌 필름으로 피복한 밀폐실에 집어 넣는다. 이것은 밀폐실에 넣고 활착이 될 때까지 그냥 놔두는 것이 아니라 1주일에 두 번 정도 환기를 시켜주며 검사를 한다. 이때 병엽이 발생하면 제거하고 농약을 살포하여 방제한다. 특히 광(光) 관리를 철저히 하여 병 발생 또는 온도를 조절해야 한다. 적당한 광선의 투과는 병 발생(病發生)을 감소시키는 데 매우 유리한 작용을 한다. 강한 광선을 밀폐실에 투과시키는 것은 매우 위험하다. 고온으로 인하여 과다한 증산작용을 조장시킬뿐만 아니라 캘러스 형성도 둔해지는데 40℃ 이상이 되면 캘러스 유세포가 죽는 수가 많다. 〈그림 VI-5〉의 ②방법은 보통 복접 (腹接) 또는 측접 (側接 : side grafting)이라고 부른다. 주로 이 방법을 사용하는 수종은 상록침엽수(conifer)들이 대부분이다. 상록침엽수를 접한다고 하면 간혹 의문을 가질 수도 있다. 그러나 서양에서는 대부분의 상록침엽수인 향나무 · 주목 · 시다 · 편백 · 화백 등이 이 접목 방법이 이용된다. 우리 나라에서는 실생 또는 삽목번식 외에는 시도하려고도 하지 않는다. 그 이유로서 우리는 향나무나 주목 · 편백류 등의 신품종이 그리 많지 않고 접목기술이 보급돼 있지 않았으며, 단기간에 성묘를 생산해도 높은 값으로 팔 수 없기 때문이다. 그러나 언젠가는 상록침엽수류의 밀폐 접목 기술을 우리도 실용화하리라 생각된다. 접목은 〈그림 VI-5〉의 접목방법 ②와 같이 하지만 밀폐실에 집어넣은 다음 관리방법은 전술한 절접방법과 같다. 그러나 접이 완전히 붙었다고 해서 접수만 남기고 대목의 윗부분을 전부 잘라버리면 접수가 급격한 생리환경의 변화로 죽는 수가 있다. 그래서 대목의 가지와 잎을 자를 때 3등분으로 나누어, 완전히 활착되었어도 우선 1/3을 절단시켜 놓았다가 서서히 나머지 2/3를 2회에 걸쳐 나누어 잘라준다. 접목활착 확인은 항상 접수와 대목 접합부의 캘러스 발생 상태로 확인하면 무난하다. 그러나 캘러스가 많이 생겼다고 해서 밀폐된 것을 하루 아침에 열어 놓는 것은 좋지 않다. 완전히 활착되었다고 인정되면 밀폐시킨 폴리에틸렌을 열어 놓고 차차 경화(hardening)를 시킨다. 경화는 밀폐접목에서 매우 중요한 것으로써 밀폐 삽목실이나 미스트삽목실에서 경화온실 (hardening room)로 옮겼다가 포장(圃場)에 심는 이론과 똑같다. 밀폐접목실은 밀폐삽목실과 서로 대체해서 사용이 가능하며, 포장에 내 심기 전에 약 1~2주 정도는 밀폐했던 것을 벗기고 차차로 관수량을 줄인다. 밀폐접목실에서 포장에 옮기기 전에 냉상(frame)에 차광시켜 가식했다가 포장에 심으며, 내 심는 시기는 이른봄이나 가을이 좋다.

접목방법 ③은 합접(合接)이라고 하며 로도덴드론(만병초)이나 엑스부리 철쭉 등의 철쭉류 접목은 이 방법을 쓴다. 이 접목방법은 접수와 대목의 크기가 비슷한 것을 사용해야 형성층을 맞추기가 용이하다. 그리고 구부러진 대목은 구부러진 접수를 이용하여 접합을 시킨다. 기타 접목 후의 관리방법은 〈그림 VI-5〉의 접목방법 ①이나 ②의 방법과 같다.

5. 분주

포복성인 철쭉류에서 휴면기(늦가을~이른봄)에 분주(分株 ;포기나누기)하거나 성토하여 오래 두었다가 뿌리가 내린 후 포기를 나눌 수도 있다.

6. 조직배양

다른 화훼류처럼 철쭉은 조직배양이 가능하다.

Anderson배지(培地)가 철쭉류 조직배양에 효과가 있음을 발표한 이래 철쭉도 조직배양이 잘됨을 알게 되었다. 그러나 철쭉류는 다른 작물과는 달리 바이러스가 크게 문제가 되지 않고 실생 · 삽목접목번식이 잘되어 조직배양에 의한 대량증식은 많지 않은 편이다. 필자의 연구에 의하면 왜진달래는 Anderson배지, 산철쭉은 MS배지에서 BA를 5.0~10.0mg/L 첨가했을 때 많은 새싹이 발생되었다.

한편 진달래는 MS배지에 kinetin 5~10㎎/L 첨가배지에서 좋았다.

조직배양에 대해서는 일반적이 아닌 전문성을 요하는 것이므로 이 항에서는 간단히 언급하기로 하니, 자세한 내용을 알고 싶으면 전문서적을 참조하기 바란다.

VII. 이식과 육묘

1. 이 식

실생(實生) 또는 삽목묘(揷木苗)의 뿌리가 충분히 형성되면 이식(移植)을 한다. 이식하는 시기가 늦어지면 뿌리가 엉켜서 상하게 되므로 늦지 않게 이식한다. 따라서 플러그(plug)판을 사용하는 것도 좋은 방법이다. 삽목 발근묘(發根苗)의 1차 이식은 6~9cm 포트를 사용하게 되는데 묘에 비해 너무 크거나 작지 않은 것을 사용한다.

용토(用土)는 삽목상의 용토와 성질이 비슷한 재료를 사용하되 뿌리가 매우 가늘기 때문에 통기성과 보습력이 좋은 것을 쓴다. 토탄 4+부엽 4+모래 2 또는 피트모스 3+부엽 3+비토 2+모래 2의 비율도 좋다. pH는 4.5~5.5로 약산성이 알맞고 알칼리에선 철분결핍으로 잎에 황화현상이 생긴다.

2.육묘

철쭉은 뿌리가 가늘어서 화학비료를 직접 주는 것은 뿌리를 상하게 할 염려가 있기 때문에 액비형태로 주는 것이 좋다.

4종 복합비료인 원예용 비료를 800~1200배로 희석하여 주되 한여름 고온기나 추운 겨울에는 피하고 생육기엔 월 1~2회 주는 것이 좋다. 특히 생육이 왕성한 봄~초여름까지는 주 1~2회 꼭 시비하는 것이 좋다. 생장기에는 비료를 줘도 되지만 휴면기에는 주지 않는다.

3. 적 심 (순지르기)

나무 모양을 만들려면 적심(摘心)을 하여 가지수를 늘려가며 모양도 만들어 줘야 한다. 꽃눈분화가 되기 전까지 지속적으로 해줄 필요가 있으며, 최종 적심은 분식용인 경우 연내 개화를 목적으로 하였을 때 3월 하순~5월 초순까지 적심을 끝내며, 기타의 것들도 6월 중순까지는 끝마쳐야 꽃눈분화가 이루어지는 데 지장이 없다. 적심시에 너무 어린 새 순을 자르게 되면 측지발생률이 낮으므로 잎이 완전 전개된 부분에서 잘라야만 많은 측지가 나온다. 적심을 하지 않으면 외대로 길게 자라게 된다.

꽃수는 줄기수에 따라 한 화총당 여러 개가 생기기 때문에 적심회수는 얼마나 많은 꽃을 피게 하느냐와 같다. 1회 적심에 의해 적게는 2~3개에서 많게는 6~8개까지 새 가지가 나온다. 다른 작물에서도 중요하지만 철쭉은 수형을 만들고 꽃수를 늘리는 데 있어서 적심이 매우 중요하다. 대체로 상품이 될 때까지 5번 적심하는데, 온실재배시는 6~8주 간격으로 적심한다. 잘라낸 적심량에 따라 약간만 순을 질러주는 소(小)적심(soft pinch)으로 유연한 1cm 이내의 순을 지르는 방법이 있다.

중(中)적심(medium pinch)으로는 5~6cm 정도, 숙지(熟枝)적심(hard pinch)은 줄기의 굳은 숙지를 적심하는 방법으로 대(大)적심이라고도 한다. 이 중 소적심 또는 중적심이 더 많은 새싹이 나오는데 너무 어린 새 순은 측지발생이 잘 안된다.

전정은 전정가위나 기계전정에 의하지만 구미에서는 일반적으로 화학적심을 한다. 지방산 메칠 데카노에이트는 철쭉의 생장점이나 아직 성숙되지 않은 새 순은 고사시키지만 굳은 조직에는 영향을 주지 않는 성질을 이용하여 적심하는 방법으로 오푸 슛오(off shoot-o 4%)를 10배로 희석하여 사용하는 데 품종에 따라 다르다. 아트리날(Atrinal)은 dikegulac sodium이 주성분으로 다른 기작에 의해 측지를 발생시키는 적심제로서 사부(篩部)를 통해 생장점의 생장을 억제시켜 정아우세(頂芽優勢)를 타파시키는 성질이 있다, 따라서 산포 2주 후쯤 반응이 나타난다. 그러나 오푸슛오는 1시간 내에 관찰될 수 있다.

최종 적심기는 품종간 · 작형에 따라 다른데 연내 개화를 시킬 때는 3월 하순~5월 초순까지 마치며, 기타의 것은 6월 20일까지는 마쳐야 된다. 최종 적심 후 개화까지의 과정과 삽목 후 개화까지의 과정은 다음 단원(VIII장의 3)의 〈그림 VIII-1〉과 같다.

4. 육묘환경

약간의 그늘 밑에서 잘 자라므로 온실재배의 경우 겨울부터 봄까지는 충분한 광선을 받게 해줄 필요가 있으나 여름철은 광선이 강해지고 기온도 높아지므로 차광망을 설치하여 온도하강과 적정 광도를 유지시켜 줄 필요가 있다. 광도는 50~70%의 차광이 알맞으며, 온도가 급상승하는 봄철에는 온실 내의 경우 고온다습으로 잎에 파란 이끼가 끼는 수가 있으니 환기에 주의한다. 여름엔 고온장해로 잎이 떨어지는 일이 생기는 경우가 있는데 35℃ 이상은 올라가지 않도록 관리한다.

5. 반내한성 분화철쭉의 육묘와 분식

정원용인 경우는 그 식물의 내한성 정도를 알아서 심어야 한다. 철쭉류는 내한성이 대부분 강하지만 아잘레아류는 약하여 노지월동이 안된다. 그러나 아잘레아류도 품종에 따라서는 남부지방 월동가능종도 있다. 국내 호남 등 남부지역은 정원용 철쭉을 논에 많이 육묘하고 있다. 논에서 성묘로 키운 후 분식하면 생산비를 크게 내릴 수 있다. 노지육묘시는 유기질이 많은 사질양토가 좋고 봄철에는 짚으로 멀칭하여 건조를 막는 것이 좋다.

미리 완숙퇴비를 2000~3000kg/10a을 넣고 잘 갈아 두었다가 심고, 꽃이 지고 장마가 끝난 후에는 추비를 주는 것이 좋다. 화분에 옮겨 심는 시기는 꽃눈이 움직이기 전에 실시해야 하는데, 굴취한 흙은 충분히 털어주고 새 흙에 심어 주되 토양의 이질감을 고려하여 비슷한 새 용토에 심도록 한다. 활착이 끝나면 꽃눈을 제거하고 새 순이 자라기 시작하면 가지치기를 하여 수형을 만든다.

VIII. 재식 및 재배법

철쭉을 잘 기르려면, 첫째 우량묘를 구득하는 일이고, 둘째 알맞는 토양조건과 광조건이 맞는 곳에, 셋째 잘 심는 일이다.

1. 정식장소

다소 그늘진 곳에서 잘 자라기 때문에 정원의 하목(下木)으로 심으면 좋다. 철쭉 한 종류만을 여러주 심을 경우에는 그늘진 곳이나 햇빛이 비치더라도 하루 종일 비치지 않는 곳이 좋다. 노출된 나지(裸地 ; 맨땅)에 심을 경우 수분이 충분히 보급될 수 있는 곳을 택한다. 철쭉은 뿌리가 천근성(淺根性 ;뿌리가 얕게 묻히는 것)이기 때문에 한여름의 고온기에 나지에서는 표토의 온도가 올라가 쉽게 건조하기 때문에 수분보급이 무엇보다 중요하다.

정원수 하목으로 심을 때는 천근성인 나무(은단풍 · 느릅나무) 밑에 심지 않는 것이 좋은데, 그것은 똑같은 천근성이어서 양분 및 수분의 부족을 초래할 수 있기 때문이다. 침엽수는 심근성(深根性)

이어서 좋을 뿐만 아니라 그 밑은 적당한 그늘이 지기 때문에 알맞은 광(光)을 받을 수 있어 좋다.

바람이 센 곳은 바람을 막아 줘야 좋으며, 그늘진 북쪽이 노출된 곳보다 좋다.

2. 적합한 토양

(1) pH (토양 산도)

토양산도는 철쭉생육에 있어 매우 중요하다. 따라서 pH에 대한 충분한 이해가 필요하다.

산도는 pH 7이상을 알칼리, 그 이하를 산성이라 한다. 이것은 수소이온 농도의 역대수(逆對數)이기 때문에 5와 6의 차이는 1이 아니라 5의 10배이며, 5와 7의 차이는 2가 아니라 5의 100배가 된다.

유기질이 풍부한 토양에서는 pH 8에서도 생장한다는 보고가 있으나 철쭉류는 pH 4.5~5.5에서 알맞게 잘 자란다. 막시멈 철쭉은 pH 2.9의 강산성에서도 생육이 가능한 것으로 보고되고 있다.

이러한 pH는 토양의 유기물 함량에 따라 완충효과가 다르게 나타나기 때문에 유기물이 충분하면 넓은 범위의 pH에서 생육이 가능하게 되고, 관수가 많은 토양에서나 강우가 많으면 높은 pH에서도 잘 자란다. pH 3.5~4.5정도의 산성토양에서도 잘 자라나 생장이 느리고, pH 6.5 이상의 중성~알칼리 토양에선 황화현상이 보인다. 황화현상은 잎이 누렇게 변하여 황색으로 변하는 현상으로써 주로 pH때문이지만 다른 원인에 의해 생기는 수도 많다. 그 원인은 뿌리생장이 나쁠 때나 비료의 부족 또는 과잉시, 토양선충, 배수불량, 분갈이를 오래 하지 않아 뿌리가 돌덩이처럼 됐을 때도 질소 · 철 · Mg · S등의 흡수부족에 의해 같은 증상을 보인다.

pH가 5 이상이면 유황 등을 넣어 내릴 필요가 있다. 그러나 유기질 토양에서는 결핍증상이 나타나지 않는데 그 이유는 완충효과 때문이다. 한편 철결핍에 의한 경우로 판명되면 철분을 엽면시비하거나 토양에 넣어줘야 한다.

이 경우 무기태(撫機態) 화합물인 황산철보다는 유기태인 EDTA-Fe나 Fe-chelate가 더 효과가 좋다. 시험에 의하면 pH 8에서도 Fe-chelate 공급으로 정상적인 생육이 되었다고 한다.

관수로 쓰이는 물에 탄산칼슘 등 염농도가 높은 경수(hard water)를 주면 철분결핍이 일어난다. 때문에 지하수를 관수할 때는 수질검사를 하여 탄산칼슘이 많이 든 경수는 사용하지 말아야 한다.

철쭉재배에서 영양관리를 할 때는 많은 문제점이 발생되는 수가 많다. 즉, 너무 산성이 되면 P ·

Mg · Ca등의 결핍이 보이며, 이들의 결핍으로 인해 오히려 Fe의 흡수를 저해하여 Fe결핍증세를 보이기도 한다. 특히 Ca는 탄산칼슘 형태일 때는 유해하나 다른 형태일 때는 장해가 없이 필수원소로서 작용한다. 따라서 부엽 등의 유기물을 넣어 완충효과를 높이는 것이 좋다. 간혹 Mg결핍도 증세가 비슷한데 초기에 황색으로 변하다가 후에 자적색 무늬가 보이고 잎 끝과 가장자리가 갈변한다. 이때는 황산마그네슘을 엽면산포한다.

(2) 유기물

철쭉재배에서 유기물(有機物)은 배양토의 통기성 (通氣生) · 보수성 (保水性) · 보비력 (保肥力) · 완충력(緩衝力)의 증대 때문에 매우 중요하다. 유기물 종류로는 참나무류 잎이나 침엽수의 잎이 좋다. 단풍나무 잎은 토양에서 분해될 때 알칼리성을 띠지만 참나무류는 산성을 띠기 때문이다. 미국에서는 소나무 껍질을 분쇄하여 고운 피트모스와 섞어 쓰기도 한다. 어떠한 유기물이라도 완숙한 것이어야 좋다.

소나무 껍질의 크기는 0.6cm이하의 것을 쓴다. 톱밥도 쓰는데 완전 부숙된 것이 아니면 시비로 부족분을 보충시켜줘야 한다.

(3) 근균(根菌)

균이 병원성(病源性)을 나타내지 않고 공생관계를 보이는 사상균(絲狀菌)을 말한다. 철쭉은 잔뿌리가 많지만 *Clavaria* SP는 뿌리에 인산을 공급한다. 자연상태의 철쭉이 생육하는 뿌리 주변에는 이 근이 존재하여 더 생육이 좋다.

(4) 비료주기 (施肥)

철쭉류는 비료를 적게 요구하는 대표적인 소비(小肥)식물이다. 따라서 유기물이 풍부하고 배수양호한 토양에서는 결핍증세가 잘 나타나지 않는다. 그러나 최상의 영양조건을 갖게 하기 위해서는 비료를 줘야 한다. 정원에 심은 경우와 화분인 경우와는 다르다.

다음은 미국에서 비료 주는 예이다.

Ball G,J.(67)은 다음과 같은 배양토의 pH에 따른 분화철쭉의 시비기준을 발표하였다. 이것은 미국의 예로 참고하는 것이 좋겠고 시비를 위한 예비시험 후 실시하는 것이 좋겠다.

(1) 시비 A:배지 pH가 4.9~5.4인 경우

다음 양액을 매주 관주한다.

비료성분비율 : 23 : 10 : 12 로써

① NH_4NO_3 315g/378L의 물 ② diammonium phosphate 180g ③ 180g KNO_3를 잘 혼합 희석시켜 사용

(2) 시비 B = pH가 5.5 이상일 때

비료성분 비율 : 21:0: 0

① NH_4NO_3 720g/378L ② iron sulfate 480g 혼합사용

단, 적심 직후는 사용하지 않음.

(3) 시비 C = pH가 4.8이하일 때

비료성분비율 = 15 : 3 : 3

① 1260g calcium nitrate/378L ② 90g monocalcium phosphate ③ 120g potasium nitrate를 섞어 시비

한편 미국 North Carolina 대학에서는 21:7: 7의 수용성 4종 복합비료를 600g/물378L 비율로 희석하여 여름철 생육왕성기에 주 1회씩 시비하기도 한다.

① 시비시기

정원용인 경우 이른봄에 퇴비 등 유기질 비료나 성분이 낮은 복합비료나 여러 성분이 섞여 있는 유기질 비료를 수관(樹冠)의 직하(直下) 주위에 흙을 파고 넣어준다. 가을 시비는 내한성에 나쁜 영향을 줄 수 있으나 내한성에 문제가 없는 종류는 가을 시비도 괜찮다.

화분재배인 경우는 주 1~2회 원예용 4종 복합비료를 800~1200배로 희석하여 주되 혹서기나 혹한기는 피한다.

② 양분 결핍증상과 시비

식물이 필요로 하는 양분은 연령 · 시기에 따라 적정량이 있으며, 어느 기준보다 많으면 과잉, 적으면 결핍에 의한 피해가 오게 된다. 철쭉은 세근이기 때문에 과잉시 뿌리가 죽거나 생장에 피해를 주

기도 하지만 결핍도 큰 문제로써 필자의 경험에 의하면 Fe과 Ca가 가장 문제가 되고 있다.

특히 철쭉류의 경우는 결핍된 양분을 공급하면서 잔류물이 토양에 남아 알칼리성을 띠지 말아야 한다. 따라서 산성토양을 유지시키면서 다른 식물에 비해 저농도의 비료수준을 유지시키는 것이 중요하다. 따라서 결핍보다는 과잉에 의해 죽는 일이 많다.

철쭉 자생지는 Ca · Mg · K의 용탈이 많고, F · Fe · Al이 비교적 많다. 철쭉은 pH 4.5~5.5에서 잘 자라지만 6.0까지는 괜찮다. 철쭉은 알칼리 형태인 질소(NH_4) 시용은 피하는 것이 좋고 pH 3.0 이하가 아니면 석회시비를 안하는 것이 좋다.

Ca 공급원은 탄산칼슘보다는 황산칼슘이 더 좋다.

철쭉은 산성토양에 많은 Al · Mn이 고농도인 상태에서도 내성이 강한데 Al은 60ppm, Mn은 80ppm에서도 견딘다. 그러나 다른 작물은 1/3수준에서 피해가 생긴다. 물론 철쭉에서도 Al 과잉피해가 보고되고 있다. 각 요소의 결핍증상을 보면 다음과 같다.

ⓐ 질소 : 엽색이 황화되며 어린 잎보다 늙은 잎(下葉)에서 증세가 심하다. 질소 부족은 철쭉 생육에 가장 나쁘며 이듬해 개화에도 영향을 준다. pH가 5 이상의 산성일 때는 암모니아태(態)도 좋지만 pH가 4.5 이하이면 질산태(窒酸態)가 좋다(비료주기항 참조). 황산암모늄(유안)은 질소를 흡수하고 남는 것이 산성을 유지시켜 주기 때문에 좋다. 이런 비료를 생리적 산성비료라 하고 그 반대를 생리적 알칼리 비료라 하는데 후자는 좋지 않다. $NaNO_3$나 KNO_3는 토양 pH를 올리기 때문에 철쭉에서는 안 좋은데 pH를 올려 황화현상을 이르킬 수 있기 때문이다. 부숙 유기물을 시비하거나 멀칭한 경우 C/N율이 높아 질소기아 현상으로 결핍되는 수도 있으니 C/N율이 너무 높은 재료는 낮추어 (부숙시켜) 준다.

ⓑ 인산 : 꽃눈형성과 성숙에 관여하는데, 결핍되면 잎이 진녹색이 되고 잎 뒷면의 엽맥이 붉은 색을 나타내며, 증세가 심하면 적자색이 되어 낙엽되기도 한다. 특히 중륵(中肋 :중앙에 세로로 있는 굵은 엽맥)에서 나타나는데 인산 암모늄은 인의 공급원으로 좋은 비료이다.

ⓒ 칼륨(칼리) : 가지 · 꽃 · 뿌리 발달에 중요하며 전분과 당 형성에 관여하는데, 칼륨의 결핍은 철의 결핍에서 오는 현상과 비슷하게 나타난다. 다만 철의 경우는 어린 잎에서 주로 나타나지만 칼륨의 경우는 어린 잎과 성숙된 잎이 다르다. 즉, 칼륨 부족일 때의 어린 잎은 엽맥 사이에서 엽록소 결핍증상이 보이지만 성숙된 잎은 잎 가장자리가 타는 듯이 말라오고 안쪽으로 말리며 심하면 낙엽이 된다.

ⓓ 칼슘 : 산도를 좌우하는 주성분으로써 많으면 알칼리로 되어 철쭉 생육에 나쁜 영향을 미

치지만 부족해도 철분흡수를 저해한다. 결필증상은 어린 잎의 끝이 고사하여 기형으로 되며, 심한 경우 줄기 선단부가 죽게 된다. 대체로 유기물이 많고 뿌리가 건전하면 결핍이 거의 나타나지 않지만, 뿌리가 죽거나 생장이 나쁜 생장조건에서도 나타난다. 기타는 pH항을 참고하기 바란다.

ⓔ 유황 : 어린 잎에 황화현상이 나타나고 엽신(葉身)의 소엽(小葉)은 녹색으로 남게 된다.

ⓕ 마그네슘 : 엽록소의 구성성분으로 결핍증상은 철분결핍과 유사하나 성엽(成葉)부터 생기는 것이 다르다. 공급원은 황산마그네슘이 좋다.

ⓖ 붕소 : 다른 작물의 경우와는 달리 생장점에 이상이 나타나지 않고 잎의 크기와 모양은 정상이나 어린 잎의 표면에 갈색 반점이 생기며, 심한 경우 생장점과 측아(側芽)가 죽게 된다.

ⓗ 망간 : 철분 결핍과 비슷한 결핍증세가 보이나 심한 경우라도 엽맥은 녹색을 띠게 된다. 황산망간이 좋다.

〈표 VIII-1〉은 엽 분석에 의한 각 성분의 적정량과 과잉 및 결핍농도이다.

〈표 VIII-1〉 철쭉류 엽 분석에 의한 적정량과 과잉 및 결핍농도(80. Larson)

성분	결핍	적정치	과잉
N	〈 1.8%[a]	2.0-3.0%	3.0%이상
P	〈 0.20%	0.29-0.50%	0.65%이상
K	〈 0.75%	0.80-1.60%	
Ca	〈 0.20%	0.22-1.60%	
Mg	〈 0.16%	0.17-0.50%	
Mn	〈 30 ppm	30-300 ppm	400 ppm 이상
Fe	〈 50 ppm	50-150 ppm	
Cu	〈 5 ppm	6-15 ppm	
B	〈 16 ppm	17-100 ppm	200 ppm 이상
Al	–	–	내성강함
Zn	〈 15 ppm	5-60 ppm	
Na	–	〈 1500 ppm	1500 ppm 이상

a = 건물 중 %

3. 재배법

분화용 상품으로 출하하려면 품종에 따라 재배환경에 따라 다르지만 대체로 삽목해서 550일, 최종적심으로부터 200일 정도 걸린다.

작업 스케줄을 예로 들면 다음과 같은 과정을 거치게 된다.

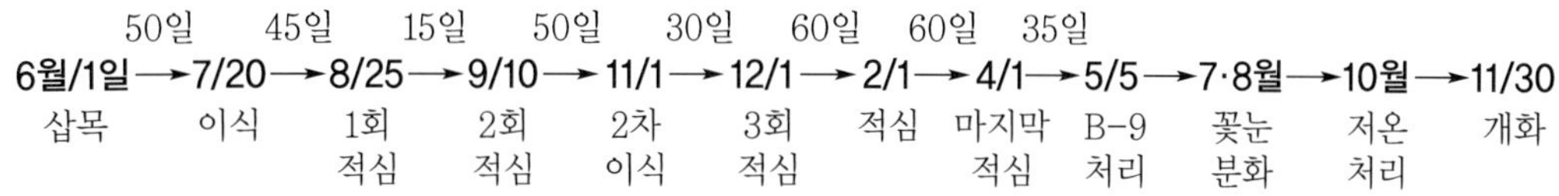

따라서 2년 동안 5회 적심한다. 마지막 적심부터 200일 걸리는데, 마지막 적심을 하는 시기는, 연내 개화할 때는 3월 하순~5월 상순에 끝내지만 정원 · 노지의 경우는 6월 20일경도 괜찮다.

최종 적심 후 개화까지는 다음과 같은 과정을 거친다. 이 일정을 도시하면 아래와 같다.

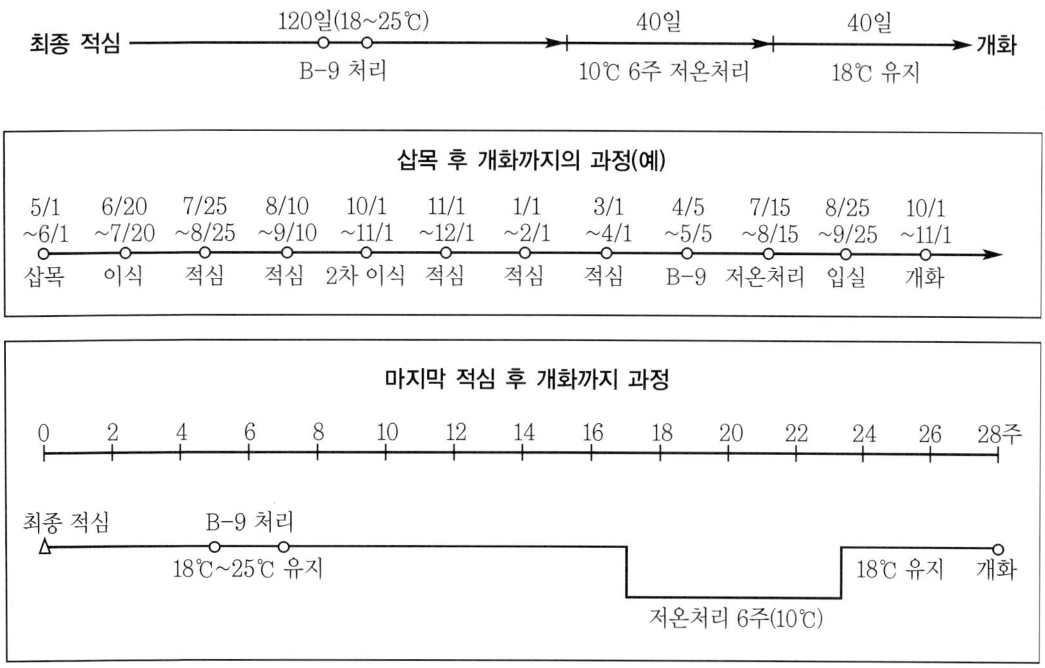

〈그림 VIII-1〉 분화용 철쭉류 재배일정(예시)

여름엔 비가림 하우스에서 기르는 것이 좋고 화분이 마르지 않도록 수시로 관수한다. 하절기의 강한 광선은 잎이 붉어지고 거칠어져 상품가치가 떨어지기 쉽기 때문에 차광을 하는 것이 좋다. 고온기는 고온다습을 막기 위해 환기를 철저히 하고, 겨울엔 수광량을 최대한 늘리도록 한다. 출하시에는 약간 저온에 두어 급격한 온도변화에 적응되도록 해야 한다.

(1) 재배온도

생장에 알맞는 온도는 낮에 25~30℃, 밤 온도가 20℃일 때 가장 왕성하게 자란다. 그러나 충실한 생장을 위해선 낮 온도 22℃, 밤 온도 16~18℃가 알맞았다고 보고하였다('72. Larson and Biamonta) .

한편 다른 보고실험에 의하면 지온(地溫) 23℃, 기온 20℃에서 많은 새싹이 나왔다고 하였다(지온을 15℃나 18℃에 두었을 때보다). 따라서 지온을 높이는 것이 생장에 좋다. 물의 온도도 철쭉 생육에 있어 중요한데 4℃에서 황화현상이 보였다. 그러나 수온을 24℃로 올려 관수하니까 이것이 치유되었음을 보고하였다. 즉, 냉수 관수는 피하는 것이 좋다.

(2) 광(光) 관리

광도와 일장 그리고 잎의 온도는 철쭉류 생육에 있어서 매우 중요하다. 생육기엔 최저 21k Lux, 최고 42k Lux에서 알맞고, 습도는 건조보다는 다습조건에서 생장이 좋다.

중일성 식물이지만 장일상태일수록 생장이 좋고, 단일상태에서 꽃눈이 발달하지만 장일상태에서도 꽃눈분화가 이루어진다. 그러나 보광은 할 필요가 없다.

(3) 물 관리

스프링클러 등 지상관수는 잎에 발생되는 엽병의 원인이 되기 떼문에 피한다. 연수(軟水)로써 관수해야 되며 냉수는 안좋다. 생장하고 있는 수체(樹體) 온도와 같은 정도의 수온이 가장 좋다.

Kofranek and Lunt (75)는 중탄산염 2~ 3me/L, 전기 전도도(EC)는 0.5 mmho/cm 이하, 붕소 0.3ppm 이하, Na 흡수을 4 이하에서 생장이 가능하다고 하였는데 관수용 물은 수질분석을 한 후 적정 농도에 있는 물을 주는 것이 좋다. 한편 관수방법은 가능한 한 자동관수를 하는 것이 좋다.

(4) 습도 관리

60% 상대습도가 알맞고 다습조건에선 회색곰팡이병 · 백분병 (白粉病) 발생이 염려된다. 화학 적심제의 효과는 공중습도에 좌우되는데, 건조시에는 증발이 빨라 약해가 감소된다. 그래서 적심효과가

낮은 반면에 다습조건에선 잎에 오래 약 성분이 남아 있어 엽소현상(葉燒現狀)이 생기는 수가 있다.

(5) 탄산가스

시설 내에서는 120~1500ppm에서 좋았으나 보통은 300ppm에서 잘 자란다.

4. 철쭉류의 정지 · 전정

가지를 정리하여 모양을 만드는 것을 정지라 하고, 식물체를 절단하여 몸체를 감량시키거나 생육을 억제시키는 것을 전정이라 한다.

철쭉류는 어느 곳을 절단하여도 잠아가 많아 새싹이 잘 나오는 성질이 있다. 따라서 모양만들기가 쉽기 때문에 분재 또는 정원재배에 용이하다. 여름에 생장이 멈춰야 꽃눈이 생기기 때문에 전정은 6월 중순까지 끝낸다.

단식(單植) 또는 군식(群植)에 따라 다르지만 어떠한 형태로도 만들 수 있다.

(1) 전정시기 및 방법

철쭉류(왜진달래 · 산철쭉 · 황철쭉 등)는 7~8월에 꽃눈분화하여 4~5월에 꽃이 피기 때문에 여기에 맞추어 전정해야 한다. 전정하는 방법은 〈그림 VIII-2〉와 같다. 즉, 전년에 생긴 가지를 그냥 놔두면 꽃이 피고 새 가지가 나와 꽃눈이 생긴다. 5월 또는 6월 상순에 절단한 것도 새 가지에 꽃이 붙지만 시기를 늦추어 6월 하순에 절단하면 꽃눈이 붙지 않고 영양지만 길게 신장한다. 기타 작업은 〈그림 VIII-3〉을 참고하기 바란다.

한편 왜철쭉(일본명 : 사쯔끼)은 전술한 철쭉류와 달리 꽃눈분화와 개화가 늦기 때문에 이에 따른 전정 및 관리방법이 달라야 한다(〈그림 VIII-4〉 참조).

전정은 늦게 할수록 꽃이 적게 피니 개화 직후에 바로 하는 것이 좋다. 가을에 절단할 경우는 꽃눈을 잘라버리기 때문에 꽃눈을 생각하며 솎음전정을 해야 한다. 한편 왜성종과 고성종의 전정도 〈그림 VIII-5〉와 같이 하는데 고성종은 수직으로 한 장타원형으로, 왜성종은 횡으로 한 장타원형이 되게 전정을 한다.

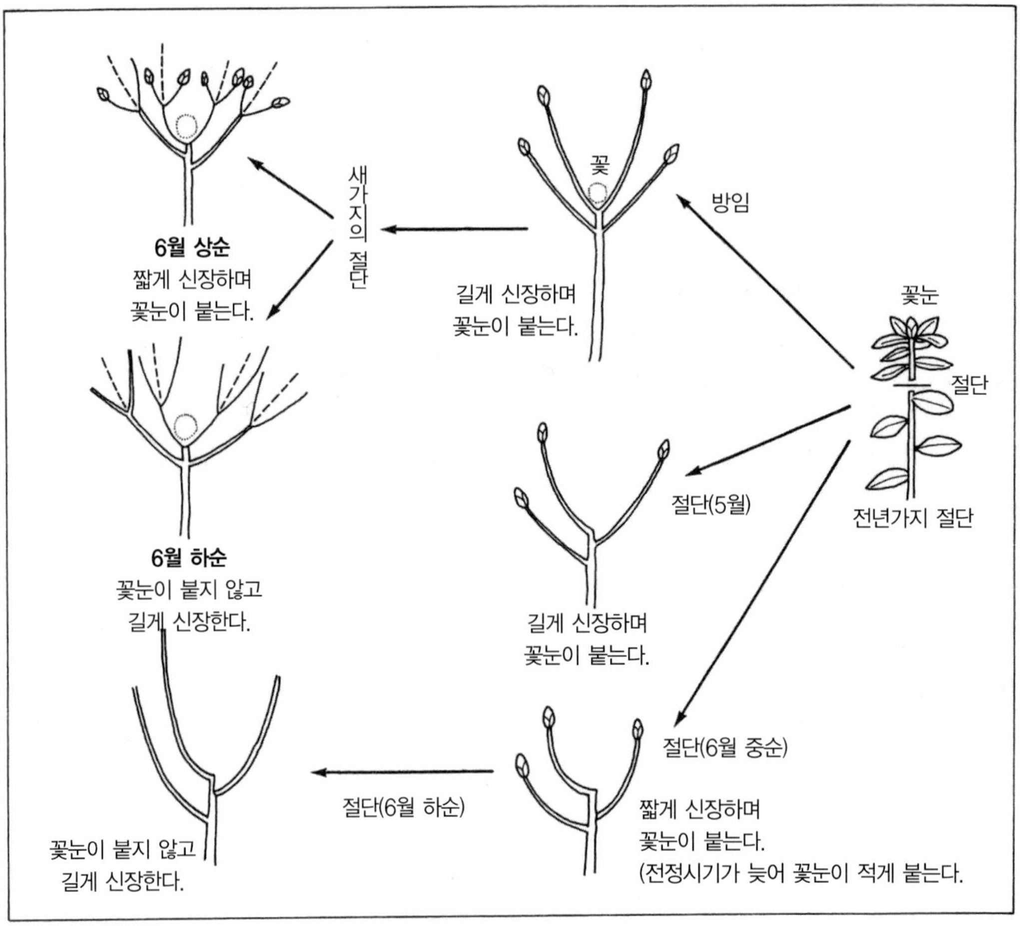

〈그림 VIII-2〉 철쭉류의 전정법

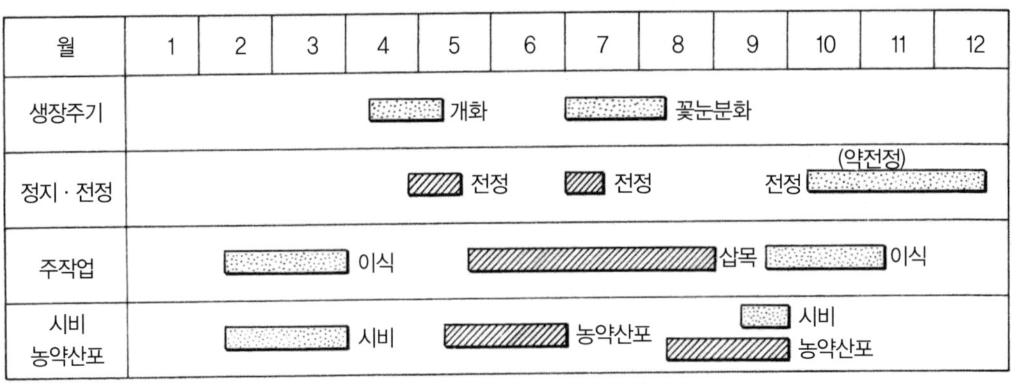

〈그림 VIII-3〉 철쭉류의 생장습성과 전정 등 관리일정

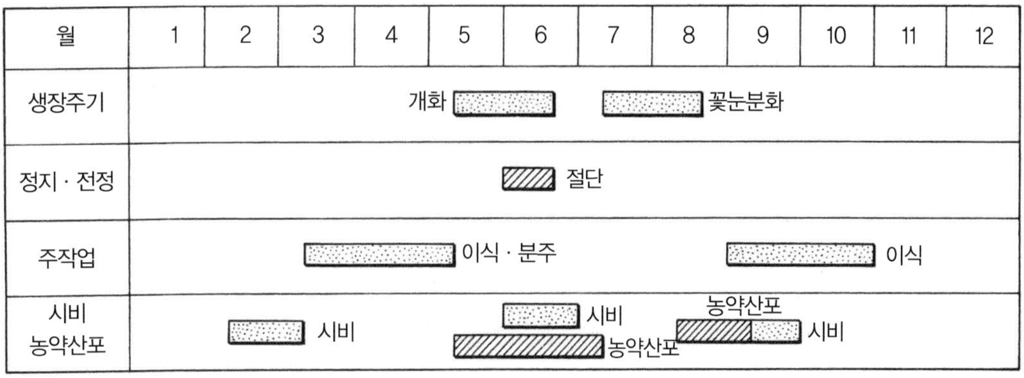

〈그림 VIII-4〉 왜철쭉의 생장습성과 전정 등 관리일정

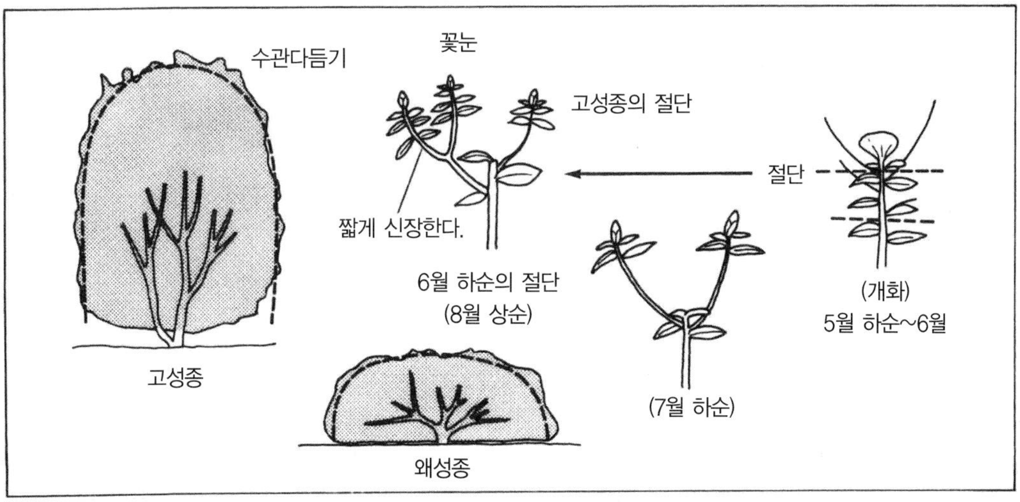

〈그림 VIII-5〉 왜철쭉의 전정법

(2) 왜철쭉 분재 전정법

분재의 왕이라 할 정도로 너무나 아름다워 많은 사람들이 좋아하고 있다. 그 이유는, ① 수세가 강하고 기르기 쉬우며, ② 새 가지 내기 쉽고 또한 철사로 수형 만들기가 용이하다. ③ 품종이 많고, 잎, 꽃색 · 화형이 매우 다양하고 아름다우며 (왜철쭉교배종 사진 참조), ④ 삽목이 용이하고, ⑤ 교배에 의해 신품종 육성이 쉬운 것 등의 장점 때문이다.

많이 사용되는 품종은 송파(松波) · 대배(大盃) · 황산 · 금채 · 귀공자 · 일광 · 팔지경 월계관 등이 있다. 취미원예를 가장 하기 쉬운 삽목묘 분재기르기 법은 다음과 같다.

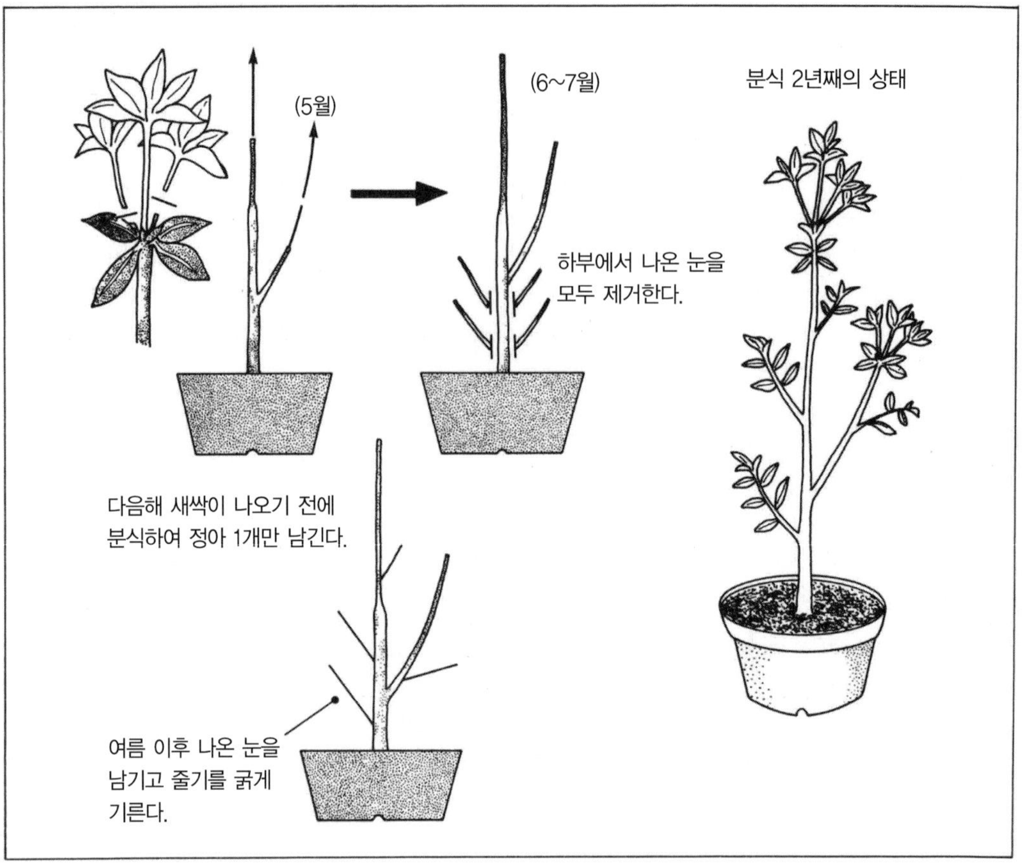

〈그림 VIII-6〉 삽목묘를 분에 올려 가지정리하는 방법

① 삽목묘 만드는 방법

〈그림 VIII-7〉과 같이 5~6cm길이로 6월에 한다. 집안에서 취미로 할 때에는 상자에 질석이나 번식항에서 언급한 피트모스를 그림처럼 넣고 삽목하면 약 20일 후에 발근되고 2개월 후는 이식할 수 있다. 플러그판이나 작은 포트를 이용할 수 있다.

② 삽목묘를 분식하는 방법

분식 적기는 다음해 눈이 나오기 전에 심는다. 정아 한 개만 남긴 후 다 잘라버린 다음, 밑에서 나온 눈은 제거하고, 여름 이후 나온 가지를 이용하여 가지배치를 한다. 3년부터는 철사감기를 하여 가지를 유인한다.

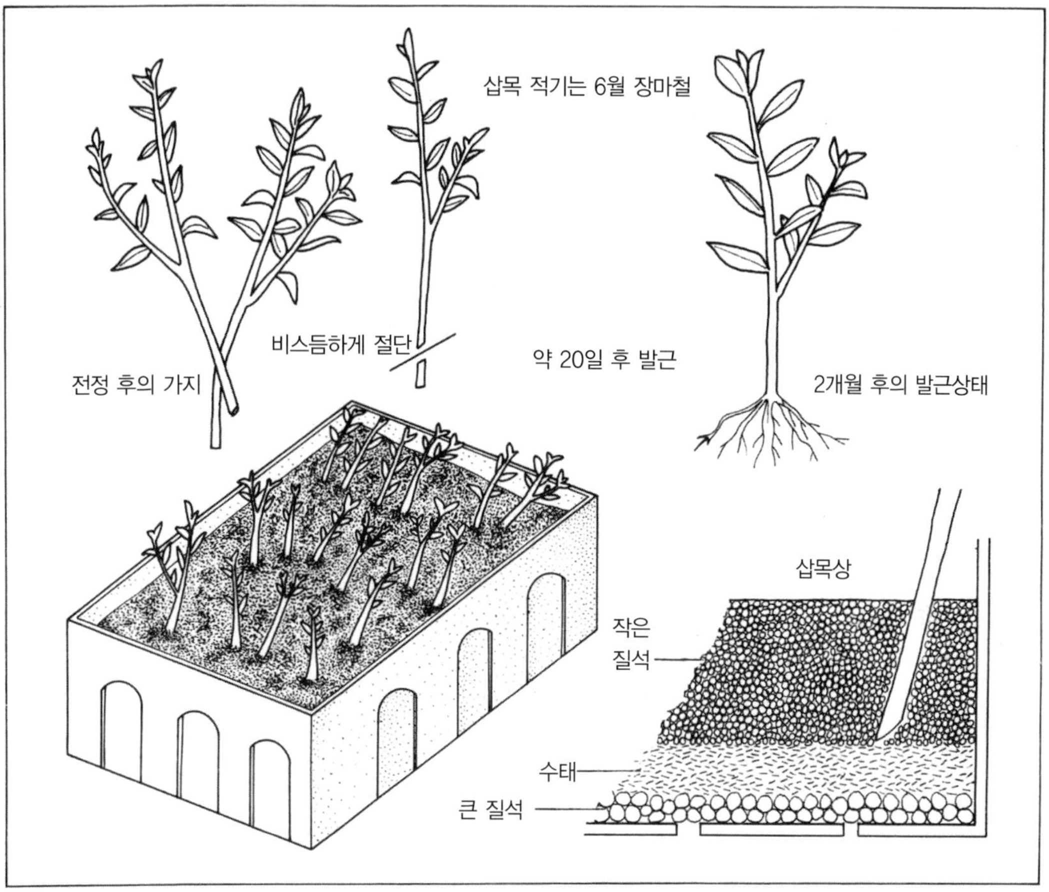

〈그림 VIII-7〉 왜철쭉의 삽목방법

③ 새 가지 전정법

새 가지는 2개만 남기고 잘라버리는데 꽃을 많이 보고 싶을 때는, 이 가지에 잎 2장만 남기고 자르면 〈그림 VIII-8〉과 같이 작은 가지가 나와 꽃이 핀다.

④ 반현애(半懸崖)와 뿌리이음형(根連) 만드는 방법

〈그림 VIII-9〉와 같이 줄기가 비스듬하게 되어진 경우는 철사로 긴 줄기를 감아 화분을 뉘어서 반현애로 만들 수 있다.

소묘를 여러 개를 심든지 그림처럼 뿌리이음 형태로 심으면 수림을 연상할 수 있어 더욱 아름답다. 이때는 넓은 평분 (平盆)을 이용해야 한다.

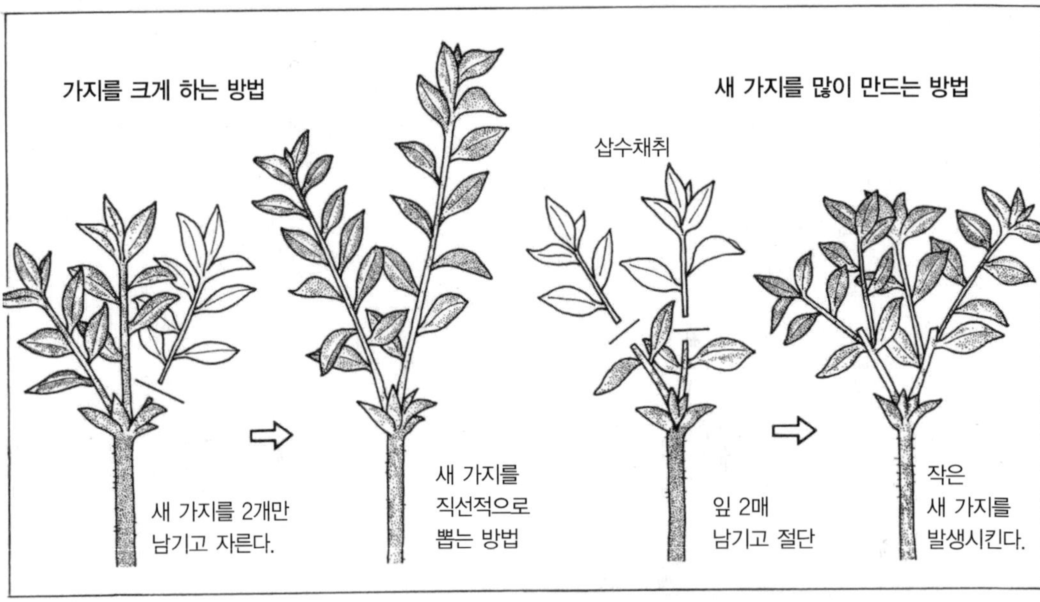

〈그림 VIII-8〉 새 가지 전정법

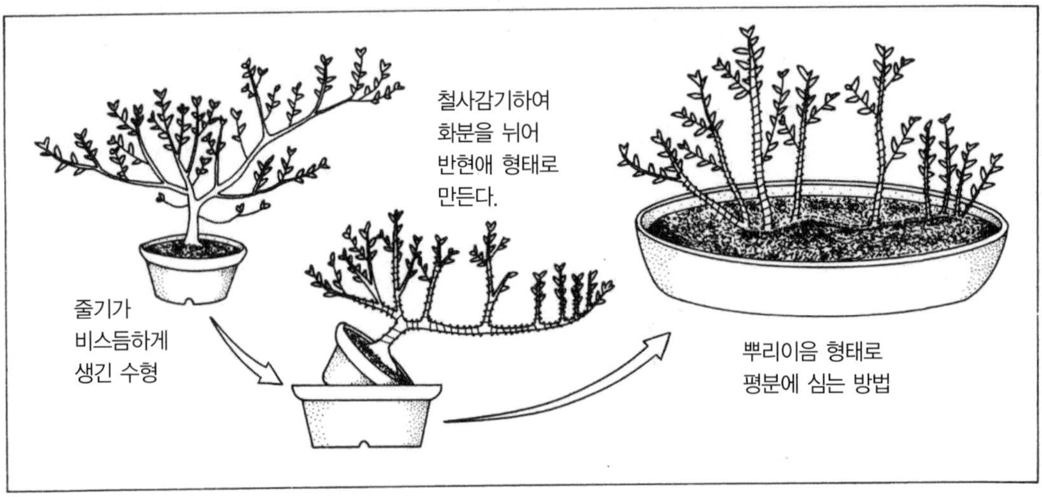

〈그림 VIII-9〉 반현애 및 뿌리이음(根連) 모양으로 만드는 방법

⑤ 모양목 만드는 방법

기본수형을 〈그림 VIII-10〉처럼 기른 후 불필요한 가지를 깨끗이 정리하고, 가지가 수평이 되게 철사감기를 하여 가지를 유인(誘引)한다. 특히 선 가지 · 내지(內枝) · 도장지(徒長枝)를 잘라버려야 한다.

〈그림 VIII-10〉 모양목의 형태로 만드는 방법

⑥ 뿌리솟음(根上)형 만드는 방법

하수도관(굵은 플라스틱관 등)이나 비닐튜브를 길게 잘라 그 속에 철쭉을 심어 뿌리가 길게 자라게끔 1~2년 생장시킨 후 물로 세척하여 뿌리를 노출시켜 분에 옮겨 심으면 뿌리가 솟은 것처럼 되어 보기가 좋다.

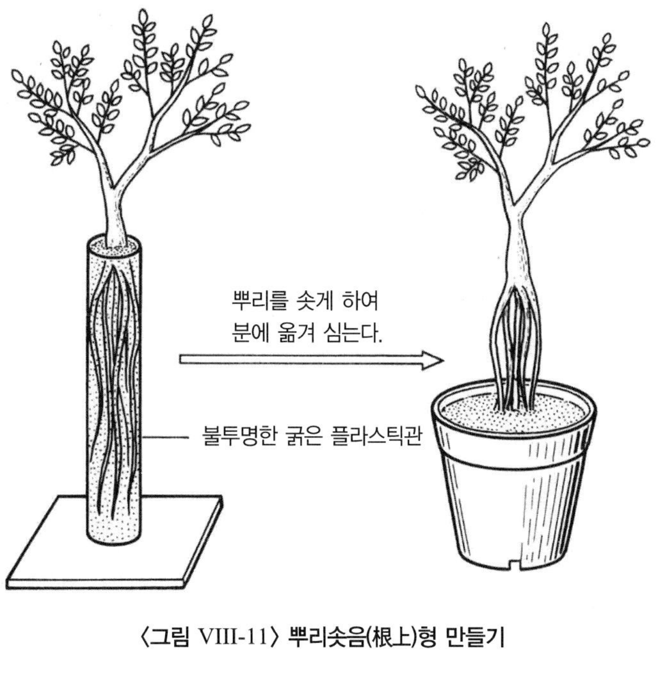

〈그림 VIII-11〉 뿌리솟음(根上)형 만들기

⑦ 기타 수형

〈그림 VIII-12〉와 같이 철쭉류로 다른 수목류 분재수형의 모든 수형을 만들 수 있다. 특히 왜철쭉 교배종은 직간 · 사간 · 쌍간 · 주립 · 기식 · 석부작 · 문인작 · 범천형 · 우산모양으로 만들어 꽃을 만개시키면 분재미(盆栽美)의 극치를 맛볼 수 있다. 그러려면 꽃피는 원리를 충분히 이해해야 된다. 꽃피는 원리에 대한 이해는 필자가 쓴 「꽃피는 원리와 가꾸기」와 이 책의 VI 단원을 참고하기 바란다.

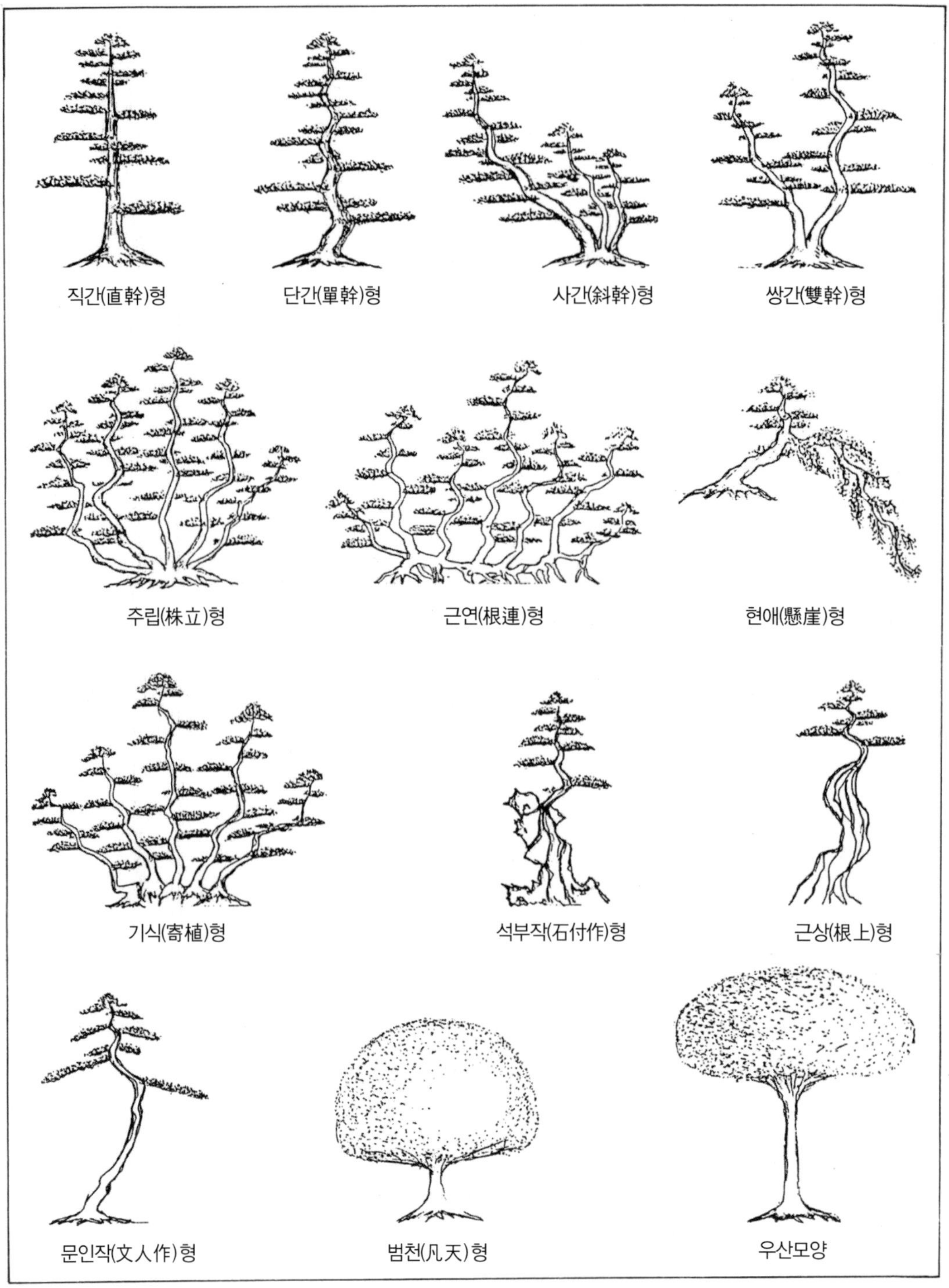

〈그림 VIII-12〉 철쭉분재의 대표적 수형

IX.
꽃눈형성과 발달

적심 후 새싹이 자라서 꽃눈이 생기는데 이는 품종 일장 · 온도, 생장조절제(예 : daminozide(B-9) 등)의 살포여부에 따라 달라진다.

단일조건으로 밤온도가 18℃쯤 되고 적심 5주 후 B-9 또는 CCC 산포는 꽃눈(花芽)형성을 촉진한다. 즉, 생장에 그리 안좋은 환경조건에서 생기게 되는 것이다. 영양생장이 억제되는 조건에서 생식 생장이 촉진된다.

1. 꽃눈분화시기

꽃눈이 생기기 시작하는 것을 꽃눈(화아)분화라고 하는데 대개 온대 화목류들은 여름부터 가을 사이에 생긴다. 이렇게 생긴 꽃눈은 바로 휴면이 들어가서 일정기간의 저온처리를 받아야 꽃이 핀다. 대체로 1월중에는 자연적으로 휴면타파가 되기 때문에 그 이후 온실에 입실하면 개화한다. 그러나 자연 저온처리가 끝나지 않은 시기에 입실하면 개화하지 않는다. 필자의 조사에 의하면, 수원지역에

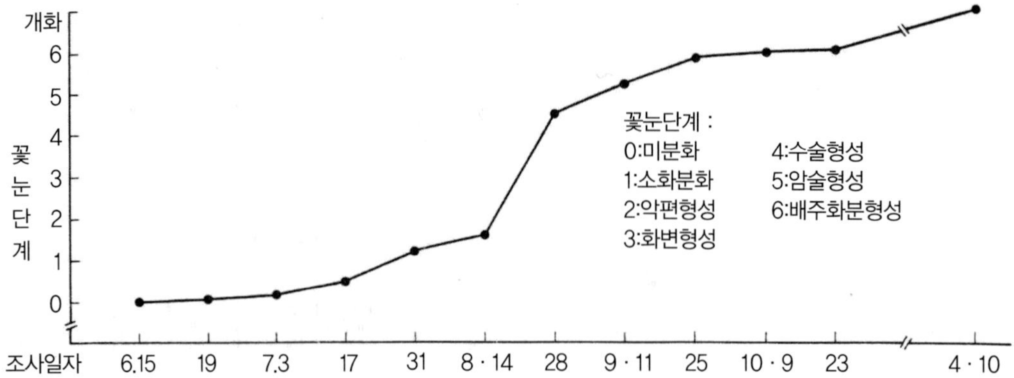

〈그림 IX-1〉 자연에 있어서 왜진달래의 꽃눈형성

서는 6월 하순~8월 중순 사이인 고온기에 꽃눈분화하여 12월 말~1월 상순까지는 휴면이 타파되고 그 후는 강제휴면을 한다. 꽃눈이 생기는 부위는 봄에 나온 신초 끝에 꽃눈이 착생한다. 국내에서 많이 이용되는 왜진달래 · 왜철쭉과 자생철쭉은 전술한 여름철에 꽃눈이 생기지만 *R.scabrum*은 9월, 구루메 교배종은 7월 말~8월 초에 분화한다.

왜진달래의 꽃눈분화 과정을 보면 〈그림 IX-1〉과 같다.

2. 꽃눈형성에 관여하는 요인

우리 나라에서 가장 많이 재배되는 분화용 철쭉은 교배종이 많다. 연간 꽃피는 회수는, 아잘레아(대만철쭉 교배종으로 사계성임)나 아잘레아 혈통이 들어가 있는 4계성인 교배종들을 제외하고는 일년에 한 번 꽃 핀다. 이것들이 꽃 피는 데는 다음과 같은 여러 요인이 작용한다.

(1) 생장과 꽃눈형성

꽃눈이 생기려면 우선 새싹이 나와서 단단해져야 된다. 새로 생긴 가지 끝에 꽃눈이 생기기 때문에 꽃눈이 생기기 전에 가지 끝을 자르거나 적심을 해서는 안된다.

따라서 새 가지가 나와서 빨리 자랄 수 있는 환경조건이라야 꽃눈이 잘 생긴다. 기상조건에 따라 그 해의 꽃눈형성 시기가 달라지는데 기온상승이 빠르면 빠를수록 분화가 빠르다.

(2) 온도와 꽃눈분화

철쭉류의 꽃눈은 고온에서 형성을 촉진하고 저온에선 꽃눈분화가 지연된다.

주간에는 18℃~30℃에서, 밤엔 14℃~22℃에서 고온일수록 생장이 빨라지고 꽃눈분화도 빨라진다. 따라서 꽃눈이 생기려면 최저 낮 18℃, 밤 14℃ 이상이어야 하는데 밤 18℃에서 가장 좋다(〈그림 IX-2〉 참조) .

〈그림 IX-2〉에서 보면 레드윙은 18℃ 부근에서, 라인홀드 앰부러시우스는 21℃에서 가장 촉진된 것을 볼 수 있다. 그러나 종에 따라 다소 차이가 있어서 어떤 종은 10℃를 하한선으로 잡고 있다. 그러나 왜진달래와 왜철쭉 교배종에서는 15~25℃ 사이에서 가장 빠르고 20℃에선 다소 늦었으며, 25℃에서는 꽃눈의 손상이 있었다는 보고도 있다.

그러나 아잘레아류는 20℃ 이상의 고온에서 꽃눈형성이 빨랐다는 보고도 있다. 최근의 연구보고에서도 왜진달래는 20℃ 이하인 15℃ 전후에서 정상적인 꽃눈분화가 이루어지는 것으로 보고하기도 하였다. 따라서 15℃ 이상을 유지시켜 주는 것이 꽃눈분화에 필수적이다.

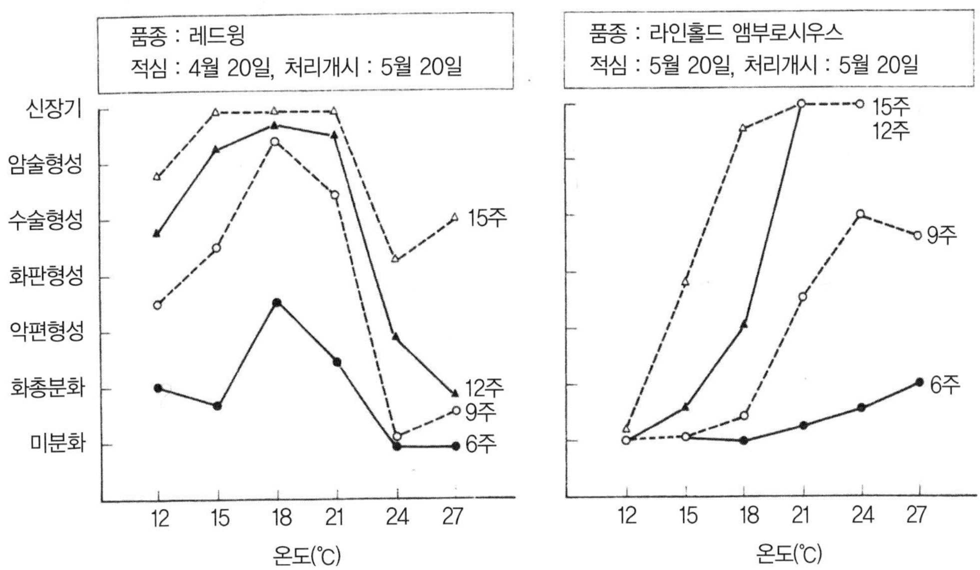

〈그림 IX-2〉 분화용 철쭉류의 꽃눈분화에 미치는 온도의 영향

(3) 광(光)과 꽃눈분화

일장(日長)과 광도(光度)는 꽃눈분화에 영향을 준다. 장일(長日)은 영양생장에, 단일(短日)은 생식생장에 촉진적이다. 9시간 일장은 16시간보다 촉진된다. 따라서 자연상태에서는 일장이 짧아질수록 꽃눈분화가 더 잘 발생되지만 국화나 포인세티아 같은 절대적 단일식물은 아니다. 꽃눈분화에는 밤 온도가 중요한데 18℃가 가장 좋다고 보고하고 있다. 한편 광도는 28~30k Lux가 알맞다.

(4) 생장억제제의 영향

생장억제제인 포스폰(phosfon)과 싸이코셀(cycocel : CCC)의 관주에 의하여 분화용 철쭉류 신초생장을 억제할 때 화아형성을 촉진한다는 연구보고(〈그림 IX-3〉)가 나온 이래(Stuart,’61)여러 연구결과, B-9 (SADH)을 5,000~10,000ppm 살포로 신초신장(新梢伸長)을 억제하고 착화수가 많아지

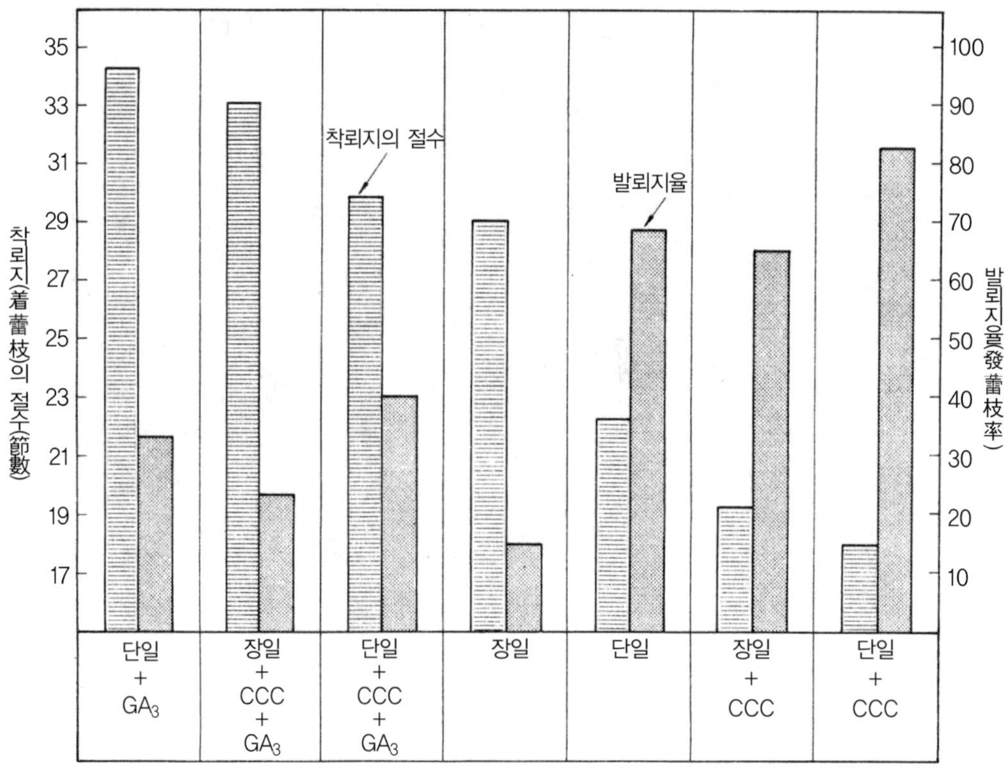

〈그림 IX-3〉 철쭉류의 꽃눈형성에 미치는 일장 및 생장조절제의 영향

며 개화를 촉진시켰음을 보고하였다. 이는 생장억제에 의해 동화물질 축적 때문으로 신장 초기에 SADH(B-9)나 cycocel을 뿌려 주면 꽃눈형성을 오히려 억제한다.

(5) 품종의 조만성 (早晩性)

개화의 빠르고 늦음에 따라 극조생종 · 조생종 · 중생종 · 만생종으로 나누는데, 극조생종으로는 립플(Ripple) · 잉가(Inga)가 있고, 조생종으로는 기린 · 나생문 등이, 중생종으로는 머더스 데이(Mother' s Day) , 그리고 만생종으로는 피코티 (Picotte) · 헥스(Hexe)가 있다. 극조생이나 조생종은 저온 요구도가 낮다.

3. 개화요인과 작용

아잘레아는 꽃눈이 발달하면 그대로 개화하는 품종으로써 소위 4계성의 성질을 갖고 있다. 예컨대 레드윙(Red Wing) · 알라스카(Alaska) 등이 그러한데, 일부 왜진달래 교배종에서도 이러한 현상을 볼 수 있다. 그러나 대부분 철쭉류는 저온처리가 되지 않으면 정상적인 개화가 되지 않는다.

(1) 저온요구도

철쭉류의 꽃눈은 꽃눈발달 후에 저온기를 경과하면 개화가 용이하여 개화가 촉진된다.

그러나 이는 종류에 따라 차이가 있다. 대체로 많은 품종들은 저온처리 없이도 개화한다. 저온요구도는 0~12℃에서 효과가 있는데 , 알맞은 온도는 4~7℃ 정도이고 저온처리 기간은 보통 30일 전후이지만 품종에 따라서는 40일 전후여야 좋은 품종도 있다. 꽃눈은 암수술이 발달하여 화분(花粉 :꽃가루) 배주(胚珠)가 분화한 시기 이후에 처리해야 좋다, 저온은 내생(內生) 지베렐린 생성을 촉진하고 꽃눈의 호흡을 촉진한다. 8~10℃에서 6주간 처리하면 휴면이 타파된다. 개화조절 단계별 환경요구도는 〈그림 IX-5〉와 같다.

분화철쭉인 경우 중부지방에선 11월까지 자연 저온상태에 두고 시설 내는 자연환기가 잘 되도록 하여 고온이 되지 않도록 해야 한다.

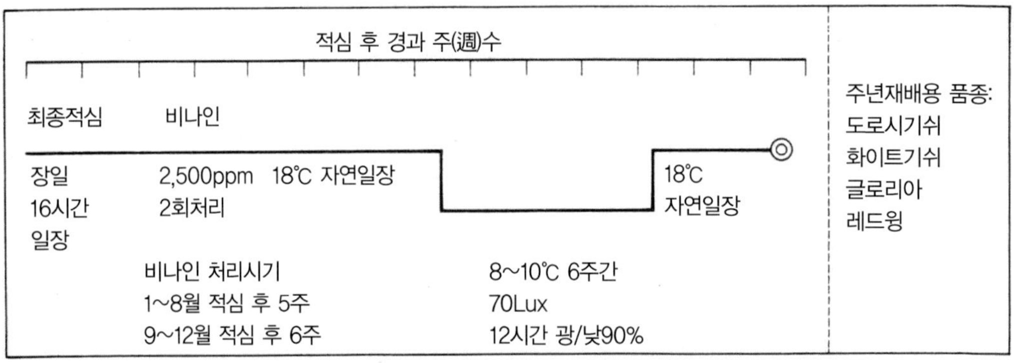

〈그림 IX-4〉 철쭉류의 주년생산 계획(Ball co.)

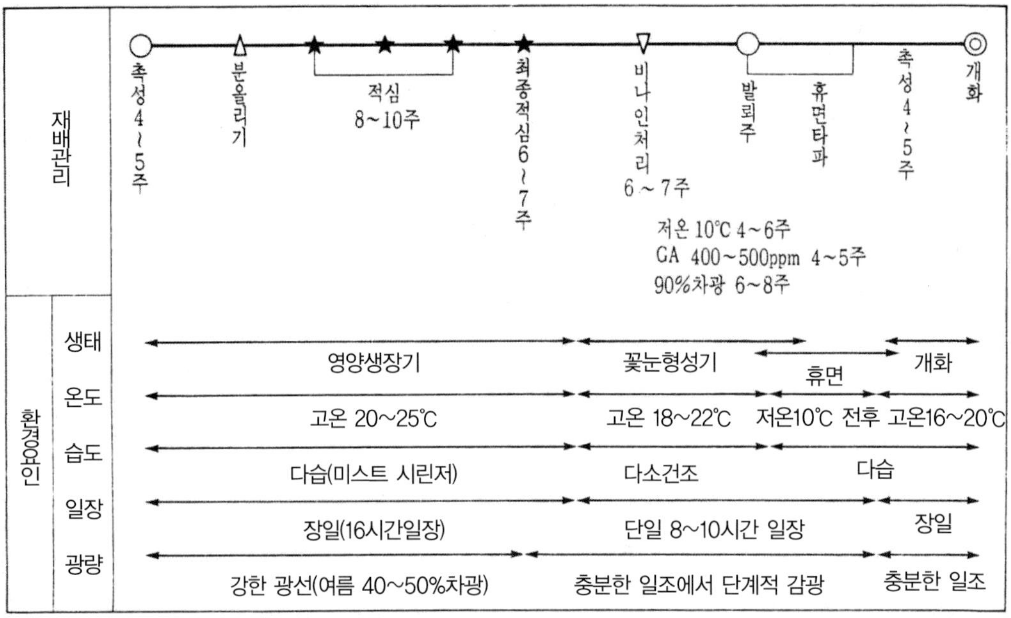

〈그림 IX-5〉 분화용 철쭉류의 개화조절시 환경관리 체계

(2) 개화억제와 화뢰인편(花蕾鱗片; 꽃봉오리를 싸고 있는 잎)과의 관계

철쭉류의 내적 요인으로는 꽃눈을 싸고 있는 인편은 꽃눈의 호흡을 방해하고 억제물질에 의하여 개화를 방해한다고 하여 인편을 제거하기도 한다. 그러나 인편을 제거하고도 저온처리하지 않으면 개화하지 않는다.

(3) 지베렐린과 저온처리 대체효과

지베렐린으로 저온처리를 대체하는 연구도 시도되었으나 완전한 대체효과는 없고, GA 1,000~2,000ppm 처리로서 개화촉진 효과가 인정되었다. 이는 품종 간 차이가 심하고, 기형화 발생이나 꽃색의 퇴화등 부작용이 있기 때문에 처리 전에 충분한 조사가 필요하다.

(4) 차광처리

차광처리(遮光處理)에 의한 단일효과는 온도상승 억제와 함께 휴면타파에도 도움이 된다 50~70%의 차광처리가 적당하다.

4. 개화기 조절의 실제

일반적으로 온대산 화목류는 자연 저온처리를 하였다가 온실에 입실하여 촉성하는데 주년재배용 품종을 이용하면 연중 개화가 가능하다.

(1) 꽃눈형성의 유도

6월 하순~8월 중순의 고온기에 하며, 조생종은 꽃눈분화도 빠르다. 하계 고온기에 40~50% 정도 차광하면 낮에 너무 고온이 되는 것을 막고 꽃눈발달을 촉진할 수 있다.

(2) 왜화제(矮化劑) 이용의 실제

신초신장 시기나 적심 5~6주 후에 B-9 · CCC를 1~2회 정도 경엽 살포를 하는데 고농도는 개화가 억제된다. 적심은 깊게 하면 도장지가 발생하여 꽃눈착생이 어렵기 때문에 깊게 하지 않는다.

(3) 저온처리의 실제

왜진달래 교배종(구루메형)은 10℃ 전후에서 4주간, 인디카 교배종은 6주간의 저온처리가 좋다. 자연저온 타파기간은 지역에 따라 차가 있으나 난지에서는 12월 하순까지 저온처리를 시킬 필요가 있다. 입실 후 실내온도가 높을 경우에는 다소 저온처리가 부족해도 개화하지만 촉성온도가 낮은 경우에는 충분히 저온처리가 안되면 양호한 개화가 되지 않는다.

(4) 지베렐린 처리의 실제

품종에 따라 차이가 있으나 저온요구도가 많은 품종과 휴면이 깊은 품종, 한편 조기처리를 할 경우일수록 고농도를 여러 번 처리한다. 1,000ppm 정도의 고농도가 유효하지만 실용적으로는 400~500 ppm에 여러 번 처리하는 수가 많으며, 카이네친 병용효과가 인정되고 있다. 처리시기가 틀리면 기형화가 생기고 화경신장 · 액아의 발생 등 때문에 처리에 주의를 요한다.

(5) 광(光) 관리

7~8월의 고온기에 90%의 강한 차광상태에서 60일 정도 차광해 둔 후 다시 충분한 광조건에 두면 개화가 좋다. 광은 아잘레아의 꽃눈 휴면타파에 반대작용을 한다.

(6) 개화기 조절

〈그림 IX-4, 5〉와 같이 하는데 주년재배용 품종은 도로시 기쉬(Dorothy Gish) · 글로리아(Gloria) · 레드 윙(Red Wing)을 사용하여 생산한다. 자세한 내용은 VIII의 3항을 참고하기 바란다.

최종 적심 후 개화까지는 28주면 개화시킬 수 있는데, 6월 초에 삽목해서 7월 초에 이식하여 5번 정도 순지르기를 하고 B-9 처리와 저온처리를 하면, 이듬해 10월 하순에서 11월 초에는 개화시킬 수 있다.

중요한 것은 최종 적심을 4월 초까지는 끝내야 한다는 점이다.

X. 철쭉류의 품종육성

대부분 화훼류의 신품종 육성은 전통 육종법인 교배육종이 주축이 되고 있다. 신품종 육성을 위해선 식물 유전 · 육종의 기초지식이 있어야 되는데 이에 대해 검토해 보도록 하겠다.

1. 교배시키는 방법과 교배 전에 알아둬야 할 일

우선 교배시키려고 하는 양친이 임성이 있는가를 알아야 한다. 만약 불친화성인 경우는 그 원인을 알아 제거해 줘야 한다. 교배시키는 순서는 다음과 같다(〈그림 X-1〉 참조).

① 개화 전에 철쭉 A의 꽃잎을 열어 수술을 핀셋으로 제거한다. 대부분의 철쭉류는 개화 전에 수술이 성숙하여 터지지 않는다. 제웅(除雄 :꽃밥을 없애기 위하여 수술을 제거) 후에는 유산지로 만든 봉지를 씌워 다른 철쭉과 교배가 되지 않도록 하고 제웅일자를 표찰에 써준다.

② 개화 전에 철쭉 B의 꽃잎을 열어 수술을 채취해 둔다. 즉시 채취하지 않으면 곤충들에 의해 빈 껍질만 남게 된다.

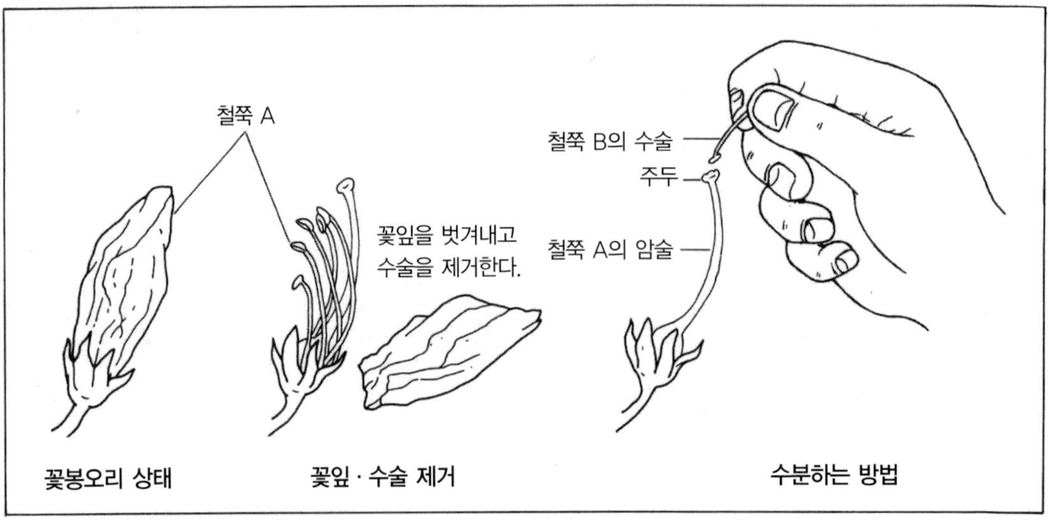

〈그림 X-1〉 철쭉의 제웅과 수분(授粉)

③ 주두(柱頭)가 붉게 되고 점액이 나와 있는 상태에 있을 때 꽃가루를 주두 끝에 묻혀주는 것이 가장 이상적이다.

④ 교배 후에는 다시 유산지로 만든 봉지에 양친의 이름(철쭉 A와 B의 이름)과 교배일자를 적어 둔다.

⑤ 교배가 확실히 되고 꽃과 주두가 말라 버리면 봉지를 제거하고 창호지에 연필로 양친의 이름과 제웅일자 및 교배일을 적은 표찰을 달아준다.

⑥ 열매가 성숙하면 씨앗수를 세어 데시케이터에 보관한다. 제웅 후 수분방법은 〈그림 X-1〉을 참조하기 바란다.

2. 화 분(꽃가루)

꽃가루(花粉) 채취에서 중요한 것은 일단 채취된 것은 2~3일 건조시키는 것이 중요하다. 건조된 꽃가루는 약국에서 파는 젤라틴 캡슐(마이신 캡슐처럼 생긴 것으로 속이 빈 것)에 넣어 실리카겔이든 병안에 보관시키는 것이 좋다. 실험해 본 결과 실리카겔을 넣은 종류에 따라 차가 컸지만 -20℃에 저장한 산철쭉은 8년이 됐는데도 발아 생존력이 있었다. 필자의 연구결과를 요약하면 5℃ 저장에서 진달래 · 철쭉꽃나무 · 산철쭉은 60일까지는 화분생존율이 높았으나 300일에는 진달래를 제외하고는 10% 미만의 낮은 생존력을 보였다. 황철쭉은 60일까지는 비교적 높았고, 150일에는 10%미만이었고, 300일에는 완전히 죽었다. 그러나 -10℃와 -20℃에서는 아잘레아를 제외하고는 생존율이 높게 나타났다. 화분치사 한계 온도는 90℃에서 1~4시간이었고, 무수메칠알콜(100%)에 처리했을 때 2분이 경과되어 모두 죽었다.

3. 육종목표

내한성 · 생육왕성 · 가지의 밀생 · 겹꽃 · 상록성의 황색 등이 육종목표가 되고 있다.

(1) 내한성(耐寒性)

중부 이북지방에서도 월동이 가능한 내한성 철쭉이어야 좋다. 특히 상록성 철쭉은 낙엽철쭉류보다 약한데 상록성에 내한성 인자의 도입이 중요하다. 서울교배종은 산철쭉이나 왜진달래등 쯔쯔지절에 속한 종들의 혈통이 들어 있어 내한성이 강하다.

(2) 생장 양호한 품종

철쭉은 원래 천근성이지만 품종에 따라서는 깊게 뻗는 것이 있는데, 이것들은 고온 및 저온에 견디는 힘이 강하고 병충해 등에도 강하다.

(3) 겹 꽃

겹꽃은 생식기관이 꽃잎으로 변형된 것들이지만 잘 찾아 보면 암술과 수술이 있다. 따라서 이를 이용하여 교배가 가능하며 이들 혈통을 받아들일 수 있다.

(4) 화색 및 기타

상록성은 동계 엽색과 단풍, 그리고 향기 등이 우수한 품종이 요구된다. 또한 여름~가을에 개화하는 것은 중요한 형질로서 현재 필자가 연구중에 있다. 개화지속 기간이 길고 상록 황색철쭉은 많은 육종가의 큰 소망이다. 필자의 연구에 의하면 황철쭉과 산철쭉 등의 교배에서 주두를 절단시켜 수분하든지 mentor pollen 또는 n-hexane의 이용으로 높은 임성의 실험결과를 얻었으며, 미국에서 연구된 바에 의하면 인편이 있는 황색 만병초와 철쭉류와의 교배가 성공된 보고가 있다.

한편 낙엽철쭉류는 삽목 발근율이 높은 품종육성, 내서성과 내한성이 강한 품종육성이 육종목표가 되고 있다.

4. 키메라

식물체내에 돌연변이가 일어나면 분열조직의 한 단면에만 영향을 주고, 구분 또는 층으로의 변이조직이 발전하여 두 가지 이상의 유전적 차이가 있는 조직을 가지게 된다. 이와 같은 형태를 키메라(chimera)라 하며, 구분 · 주연 · 부분주연 · 주연키메라 등이 있다. 한 식물에 4~5가지 꽃색을 보이는 것은 이 때문이며 왜철쭉에서 많이 생긴다.

5. 무배생식 (apomict seed)

종자는 대개 유성적으로 생겨나지만 때로는 감수분열이나 수정의 과정을 통하지 않고 무성적으로 배(配)가 발육하여 종자가 생기는 것을 무배생식(無配生殖) 또는 아포믹시스(apomixes)라고 한다. 이 무배생식 종자는 삽목이나 접목과 같이 무성번식에 해당하는 종자번식으로 배주 내 체세포가 종자가 되는 현상이 주가 된다. 필자의 연구에 의하면 상록철쭉류에서도 이 아포믹시스가 발견되었다.

6. 유전 · 육종현상

(1) 교배친화성

철쭉류는 대체로 자가수정에 의하여 높은 임성을 보이면서도 타가수정도 잘된다. 타가수정의 경우

근연관계일수록 임성이 높은데 절내(節內 : in section)의 종들은 매우 잘되지만 절 밖의 것들은 안되거나 임성이 낮다.

대체로 염색체수의 차이 때문에 교배가 안되는 일이 적고, 4배체와 2배체와도 임실이 잘되는 경향이다. 따라서 전술한 종(種)과 종 사이의 분류관계를 알 필요가 있다.

(2) 배수성

염색체수는 2n = 26으로 n = 13개로 되어 있다. 만약 52개 염색체를 가진 종은 4배체로서 4×13 = 52가 된 것이다. 6배체는 78개가 되며 12배체인 종은 156개의 염색체를 가지고 있다. 특히 Exbury azalea에선 보이며 배수성이 높을수록 꽃이 더 크다. 배수성을 만드는 방법은 주로 콜키신(colchicine)으로 하는데 줄기조직, 종자에서 나온 새싹, 실생묘의 생장점에 처리하면 유사분열시 방추사가 녹아 버려 양쪽으로 끌려가지 않아 배수체가 된다. 기타 약제로는 아세나프텐(acenaphthene)도 사용가능 하다.

(3) 유전현상

꽃색은 4그룹인 자색 · 자적잭 · 적색 · 흰색 군으로 되어 있다. 대체로 양친이 임성인 경우 다음과 같이 후대에 유전한다. 즉,

자색(♀) × 자색(♂) = 자 색
자 적 색 × 자 색 = 자 색
자 적 색 × 자 적 색 = 자적색
적 색 × 자 색 = 자 색
적 색 × 적 색 = 적 색
백 색 × 유 색 = 유 색
백 색 × 백 색 = 백 색

으로 분리된다.

요약하면 모든 유색(有色)품종은 백색에 대하여 우성이고 자적색은 적색에 대하여 우성이다.

자색 (♀) × 두겹 (♂) = 반은 홑꽃, 반은 두 겹(hose in hose).
두 겹 × 홑 꽃 = 불임성
두 겹 × 두 겹 = 불임성

한편 모본이 녹색 꽃받침 홑꽃에 두 겹(hose in hose) 꽃받침인 경우는 50%는 반 겹이고 50%는 녹색 꽃받침 홑꽃이고, 그 반대로 두 겹에 홑꽃 교배시에는 후대가 나오지 않는다. 따라서 녹색 꽃받침은 두 겹 꽃받침(두 겹 중 한 겹은 꽃받침이 변화된 화판)에 열성으로 생각된다.

XI. 병충해 방제

1. 생리적인 병

불량한 재배환경과 영양관리에 의해 나타나는데 영양관리는 전술한 바와 같이 pH 또는 각 영양요소들의 과잉 또는 결핍에 의해 발생된다.

앞의 양분결핍 증상 및 시비 그리고 pH항을 참조하기 바란다. 개화가 고르지 않은 경우가 있는데, 이는 고온상태에서 적심시기가 늦은 경우 이런 현상을 볼 수 있다.

너무 조기에 적심이 끝난 경우도 조기 꽃눈분화와 발달이 되며 저온처리 등 휴면타파가 끝나지 않은 상태에서는 꽃눈 주위에 새싹이 출현하여 관상가치를 떨어뜨리는 현상이 생기기도 한다. 이때 나온 가지를 우회지 (迂回枝 : by pass shoots-꽃눈 주위에 나온 새싹)라 한다. 이 가지는 따줘야 관상가치가 있게 된다. 이 가지가 너무 많이 나온 경우는 꽃눈이 고사하는 블라인드 현상까지 보인다. 따라서 조기 적심한 후 고온상태에서 생장시키지 말아야 좋고 적기에 휴면타파시켜야 된다. 저온저장고에 넣어둔 경우 낙엽이 많이 되는 경우가 있는데 이는 에틸렌 때문이기 때문에 환기 또는 에틸렌이 발생되는 환경유인(사과저장 등)을 제거해 줘야 한다. 한편 실내온도가 고온에 장시간 계속될 때 고온장해로 인해 낙엽되는 수가 있으니 35℃ 이상 안되게 하고, 고온다습하며 공기가 정체될 때는 파란 이끼가 끼기 쉽다. 간혹 제초제 피해도 보이는데 토양 속의 잔존기간 및 피해조건 등을 숙지한 후 재배하도록 한다.

2. 해충

(1) 방패나방(*Stephanotis pyrioides*)

정원용 철쭉에서 가장 많이 발생되는 해충으로 우리 나라에서 가장 문제가 된다. 잎 전체가 하얗게 되면서 낙엽이 되기도 하는데 방임철쭉에서 많이 발생된다. 성충은 낙엽이나 나무껍질 속에서 월동하였다가 5월 상순에 활동을 시작한다. 잎 뒤에 십수 개의 알을 무리로 산란하고 성충의 분비물로 덮어 놓는다. 어린 유충이 잎을 가해하며 성충이 되면 분산한다. 성충의 모양이 방패같이 생겼으며, 크기는 3~3.5mm로 작고, 유충은 담황색으로 배의 양쪽에 몇 개의 돌기가 있다.

성충은 5, 7, 8~9월에 많이 보이며 특히 8~9월에 많다. 배나무 · 살구나무에도 가해하는데 메프 수화제 · 호스타치온 · 모노프 · 다이메크론 · 수프라사이드가 잘 듣는다.

(2) 응 애

여러 종류의 응애가 있는데 정원용 철쭉에서는 적응애(*Oligonychus ilicis*), 온실분화에선 두점박이응애(*Tetranychus urticae*)가 발생된다. 연 8~10회 발생되는데 잎 뒷면에 있기 때문에 약을 뿌릴 때 잎 뒤를 잘 뿌려야 한다. 8~9월에 최고 많이 발생되며 11월까지 계속되는데 수정한 암컷의 성충이 잡초나 낙엽에서 월동한다. 초기에는 주지 (主枝)나 아주지(亞主枝)에서 기생하다가 수관 외부로 분산한다. 한 약제만 계속 뿌리면 저항성이 생겨 안들으니 산포농약을 주기적으로 바꿀 필요가 있다. 먼지응애는 매우 작아서 육안으로 보이지 않는데 신초의 새싹이 고사되어 일견 미량요소 결핍으로 보이기도 한다.

테디란 · 씨트라존 · 트리치온 · 푸릭트란 등의 살비제를 뿌려준다.

(3) 잎말이나방(*Gracillaria azaleella*)

5~6월경 새로 나온 어린 잎을 돌돌 말고 식해한다.

유충은 나무껍질 및 가지분지점에 거친 고치를 짖고 월동한 후 늦봄에 발생한다. 연 2~3회 발생하는데 5~6월에 1회, 8월 중순경에 2회, 9월 중순경에 3회 발생한다. 스미치온 · 호리치온 · 리바이짓드 등이 잘 듯는다.

(4) 기 타

진딧물 · 총채벌레 · 온실가루이(white fly) · 자벌레가 발생되는데 침투성 유기인제로 방제한다. 한편 선충은 토양살충제로 방제한다. 철쭉류에는 대부분의 종(種)에 성충이 기생하는 것으로 보고하고 있다.

3. 병해

(1) 근부병

Phytophthora cinnamomi(phytophtora root rot)균에 의해 생기는 가장 흔한 지제부 뿌리썩음병으로 쉽게 죽지 않고 생장이 나빠진다. 잎이 작아지고, 뿌리를 면도칼로 잘라보면 유관속을 검게 침해하여 수분흡수를 막는 것을 볼 수 있다. 배수불량한 배양토 조건에서 많이 발생되며, 너무 깊게 심었을 때도 잘 생긴다. 토양소독과 깨끗한 물을 관수한다. 베노밀 · 캐프탄 등이 효과가 있다.

(2) 반점병

잎의 가장자리나 끝에 갈색 반점(부정형)이 생기고 반점이 커져서 전체로 퍼지면서 잎이 떨어진다. 알맞는 환경조건(특히 습도관리)이 중요하며, 피해 잎은 태우는 것이 이듬해 발생될 균을 제거하기 위해서 필요하다. 다이젠 · 디포라탄을 7일 간격으로 4~5회 뿌려준다. *Septoria* · *Cercospora*균의 피해가 많다.

(3) 떡 병

잎이 부풀면서 변색되어 흰떡을 붙여 놓은 것 같은 병징이 보인다.

봄에 주로 생기며 1년에 한 번 생긴다. 옥시동, 유산동 등 구리제를 뿌려주든가 병든 잎을 따서 태워주는 것이 좋다.

(4) 그을음병

깍지벌레 등 배설물에 의해 윤기가 나고 나중에 곰팡이가 생기면서 그을음 증상이 보인다. 깍지벌레나 진딧물 발생을 막고 수광 통풍을 좋게 한다. 손으로 닦아 주든지 옥시동 같은 구리제를 뿌려준다.

(5) 갈반병

잎에 담갈색이나 암갈색의 부정형 반점이 생기며 엽맥을 따라 다각형으로 발전한다. 결국은 황색으로 변하여 떨어진다.

초여름부터 겨울까지 발생하면 장마철에 많이 생긴다. 다이젠이나 디포라탄을 뿌려준다.

(6) 화부 균핵병

처음에는 꽃에 작은 반점이 생겼다가 점차 번져 꽃이 상하게 된다. 출하기에 발생한 지역은 해마다 생기니 병든 꽃은 수거하여 소각한다. 톱신 · 벤레이트 · 다이젠이 잘 듣는 편이다.

참고문헌

- Anonymous. 1967. Schedule and growing procedure for year around azalea production. Geo J. Ball, Inc. West Chicago, lllinois.
- 安鶴洙, 李春寧, 朴壽現. 1981. 韓國農植物資源名鑑. pp.159-163.一潮閣.
- Badger, K. 1987. In search of a yellow evergreen azalea. The azalean vol. 9:46-50.
- Boodley, J.W., and Mastalerz, J.W. 1595. The use of gibberellic acid to force azaleas without a cold temperature treatment. Proc. Am. Soc. Hortic. Sci. 74. 68-85.
- 夫宗休.1980. 濟州島 シシヅ群.新花卉 106:147-158.
- Cathey, H.M., Steffens, G.L.,Stuart, N.W., and R.H. Zimmerman. 1966. Chemical pruning of plants. Science 156 : 3742, 1382-1383.
- 최병진. 1994. 철쭉류의 재식과 시비관리. 한국철쭉연구회지 서울.
- Claramarouci, M.T. Visser and J.M. Vantuyl. 1982. Pollen and pollination experiments. VI. Heat resistance of pollen. Euphytica 31: 287-29. 林育研報 23 : 156-167.
- Criley, R.L. 1975. Effects of light and temperature on flower initiation and development. in Growing Azaleas Commercia1ly(A.M.Kofranek and R.A. Larson, eds.), Sale Publ. No. 4058. PP. 52-61. Univ. of California, Berkeley.
- de Silva, W.H., P.F. Bocion., and H.R. Walther. 1976. Chemical pinching of azalea with di-kegulac. HortScience 11(6). 569-570.
- Fossum, M.T. 1973. Trends in commercial floriculture crop production and distribution. A Statistical compendium for the United States 1945-1970. Marketing Facts for Floriculture, under the auspices of safe. Alexandria, Virginia.
- Galle, F.C. 1987. Azaleas. Timber press, Portland.
- 한동욱 외 4인. 1994. 생활원예, 서울시립대, 서울.
- Hasek, R.F., and A.M. Kofranek. 1975. Problems of evergreen azaleas. In "Growing

Azaleas Commercia11y"(A.M.Kofranek and R.A.Larson, eds.). Sale Publ. No. 4058. pp. 97-99. Univ of California, Berkeley.

- Hoitink, H.A., and A.F. Schmitthenner. 1972. Control of *Phytophthora* root rot(wilt) of *Rhododendron*, Am. Hortic. 51, 42-45.
- 홍영표. 1980. 화목류재배, 농촌진흥청.
- 홍영표 · 이정식. 1983. 철쭉류 우량품종 육성시험.83. 농사시험연구보고. pp. 454-467.
- 황환주 · 염도의. 1988. 진달래속 식물의 종내 또는 종간교잡친화성, 韓園誌. 29(2):136-144.
- 황환주. 1987. 진달래속 식물의 근연관계 및 종간 교잡 친화성에 관한 연구, 서울대 대학원 석사학위 논문. pp.1-53.
- 後勝利幸. 1975. レンケツツヅ 交配育種.新花卉 87:60-64.
- Kehr, A. 1988. Hybriding azaleas. Azaleas edited Galle, F.C. 341-357.
- Kiplinger, D.C. 1952. Studies on the effect of photopeperiod and night temperature on flower bud initiation in the azalea Coral Bell (Rhododendron obtusum). Ph.D.Thesis, Ohio State Univ., Columbus.
- Kofranek, A.M., and O.R. Lunt. 1975. Mineral nutrition, In "Growing Azaleas Commercially" (A.M.Kofranek and R.A.Larson, eds.), Sale Publ. No. 4058, pp. 36-46. Univ. of California, Berkeley.
- Kurumi 久留米ヅツツ委員會. 1993. 久留米ツツヅ. 編集專門委員會. 葦書扁. 福岡
- 小山清. 1980. ツツヅ類の交配育種. 新花卉 106:93-104.
- 國重正昭, 田村光軍夫, 森下昌三, 山口聰. 1984. ツツヅ紅風車の 育種に關する研究. 野菜試驗場報合(7號) : 55-65.
- Larson, R.A 1978. Stimulation of lateral branching of azaleas with dikegulac sodium (Atrinal). J.Hortic. Sci. 53(1), 57-62.
- Larson, R.A. 1993 Prodution of florist azaleas., Timber press.
- Larson, R.A., and M.L. Mclntyre. 1967a. N.C. State studies on chemical pinching of azaleas. Florists' Rev
- Larson, R.A., and Mclntyre, M.L. 1967b. "Out-of-season" flowering of quality azaleas. Am. Rhododendron Soc. Q.t. Bull. 21(2), 67-70.

■ Larson, R.A., and R.L. Biamonte. 1972. Response of azaleas to precisely controlled temperatures. J.Am. Soc. Hortic. Sci. 97(4), 491-493.

■ Lee. F.P. 1958. "The Azalea Book." Van Nostrand, Princeton, New Jersey.

■ 李相泰. 1983. 한국산 나자식물에 대한 계통분류학적 연구. Annuax Report of Biological Research vol. 4 : 145-156.

■ 李貞植. 1982. 철쭉類 優良品種育成試驗. 82園藝試驗場硏究報告書 601-603.

■ 이정식. 1991. 철쭉류, 화훼류 개화생리와 개화기조절법, 중앙종묘출판부, 서울.

■ 이정식. 1993. 국내자생및 재배철쭉류의 올바른 분류법, 한국철쭉연구회지, 서울,

■ 이정식. 1994. 철쭉류의 휴면과 개화 · 한국철쭉연구회지, 서울.

■ 이정식. 1994. 한국자생철쭉류의 종류와 특성 · 한국철쭉연구회지, 서울.

■ 이정식. 1995. 꽃피는 원리와 가꾸기. 도서출판 서일, 서울.

■ 李晶福. 1982. 大韓植物圖鑑. pp.598-601. 鄕文社.

■ Leiser, A.T. 1975. Taxnomy and origin of azaleas used for forcing, In "Growing Azaleas. Commercia11y"(A.M.Kofranek and R.A.Larson, eds.), Sale Publ. No. 4058. pp. 9-14. Univ. of California, Berkeley.

■ Lindstrom.R.S. 1975. Grades and standards, In "Growing Azaleas Commercially "(A.M.Kofranek and R.A.Larson. eds.), Sale Publ. No. 4058. pp. 100-102. Univ. of California, Berkeley.

■ Love.J.W. 1975. Vegetative growth, In "Growing Azaleas Commercially"(A.M.Kofranek and R. A.Larson. eds.), Sale Publ. No. 4058. pp. 47-51. Univ. of California, Berkeley.

■ Mcandrew, J.H. and Swamson. A.R. 1967. The pore number of periporate pollen with special reference to Chenopodium. Rev, Palaeobot. Paly NolO. 3:105-117.

■ 모광덕. 1994. 화훼, 농업협동전문대학, 서울.

■ 村越匡芳. 1982. 樹種別 庭木の整姿剪定. 立風書房, 東京.

■ 中山草司. 1984. 盆栽の整姿剪定. 西東社, 東京.

■ 농경과 원예, 1992. 원예사전. 월간 농경과 원예, 서울.

■ Oertli, J.J. 1964 b. Azalea nutrition disorders. 2. Calcium, magnesium and sulphur deficiencies Florists' Rev. 134 : 3483, 21, 62.

- Oertli, J.J. 1964 a. Azalea nutrition, disorders. 1. Nitrogen. phosphorus and potassium deficiencies. Florists' Rev. 134 : 3482, 20, 62.
- Pettersen, H. 1968. Effect of light and temperature on the number of shoots after pinching of azalea and on the subsequent growth of the shoots. Meld. Nor. Landbrukshoegsk. No. 134, 18-20.
- Pettersen, H. 1972. The effect of temperature and daylength on shoot growth and bud formation in azaleas. J.Am. Soc. Hortic. Sci. 97, 17-24.
- サつキ研究社. 1985. 新皐月事典(株) 月刊さつき研究社. 枋の葉書扁, 日本
- Skinner, H.T. 1939.Factors affecting shoot growth and flower bud formation in rhododendrons and azaleas. Proc. Am. Soc. Hortic. Sci. 37, 1007-1011.
- Skou, W. 1969. Year-around production of azaleas for wholesale growers. Florists'Rev. 145(3757), 25, 62-63, 73-74.
- Streu.H.T. 1975. Insect, mite and nematode control on azaleas. In "Growing Azaleas Commercia11y"(A.M.Kofranek and R.A.Larson, eds.), Sale Publ. No. 4958, pp. 89-96. Univ. of California, Berkeley.
- Stuart, N.W. 1967. Chemical control of growth and flowering, In "Growing Azaleas Commercially"(A.M.Kofranek and R.A.Larson, eds.), Sale Publ. No. 4058, PP. 62-72. Univ. of California, Berkeley.
- Stuart.N.W. 1965. Controlling the flowering of greenhouse azaleas. Florist Nursery Exch. 144(11). 22-23.
- Twigg, M.C., and C.B. Link. 1951. Nutrient deficiency symptoms and leaf analysis of azaleas grown in sand culture, proc. Am.Soc. Hortic. Sci. 57 : 369-375.
- Yamaguchi satoshi, Y. Hirata. 1986. Breeding of pivotal hybrid plant between sects tsutsutsi and brachycalyx azalea in the subgenus. Tsutsutsi Bull. Vocrs. Ser.(Kurume). No.9 : 59-67.
- Yamaguchi satoshi. 160. Pollination experiment in *Rhododendron kiusianum* Makino. Journ. Jap. Bot. Vol. 155, No. 12: 337-378.

■ Yamaguchi satoshi. 1986. 日本産 ツツヅの節間雑種の育成, 日本園藝學會發表要旨 花の部編 : 420-21.

■ Yamaguchi satoshi. 1980. The seasonal Change of cold hardiness in Rhododendrons. Quarterly Bulletin American Rhododendron Society Vol. 34:13-15.

■ 山口聰, 國重正昭, 田村輝夫.1985. 日本産 シシジの 種間交雑親和性. 日本園藝學會秋季發表要旨 414-415.

■ 山口聰, 國重正昭, 田村輝夫.1985. 日本産シシジの 交配親和性について. 野菜試驗場報告 第8號 87-97.

구루메 교배종

(　　)는 일본명

상생(Aioi)

상도(Ainoshima)

서(Akebono)

총각(Agemaki)

조무(Asagasumi)

욱금(Asahinishiki)

욱공(Asahinosora)

오처경(Azumakagami)

오처석(Azumagata)

창삼앵(Atsumizakura)

염자(Ademurasaki)

능의(Ayagoromo)

능우(Ayaha)

능희(Ayahime)

능금(Ayanishiki)

구루메 교배종

(　　)는 일본명

능관(Ayanokanmuri)

신옥(Aratama)

안서고시회(Anzaitakamakie)

천천(Izumikawa)

엄도(Itsukusima)

일천(Itten)

금강(Imaoka)

금식부(Imashikibu)

금성성(Imashoujou)

금자(Imamurasaki)

금양금(Imayounishiki)

이려파산(Irohayama)

암호경(Iwatokagami)

부뢰(Ukamuse)

부교(Ukihashi)

구루메 교배종

(　　)는 일본명

박운(Usugumo)

박연(Usuyukari)

이향(Utsurika)

매왕(Umeou)

회자(Esugata)

하이금(Ezonishiki)

노목각(Oinomezame)

노락(Oiraku)

선중(Ohgigasane)

왕소군(Ohshoukun)

대내사자(Ohtsujishi)

대내산(Ohuchiyama)

대호접(Ohkochou)

대택(Ohsawa)

대어대(Ohmiyo)

구루메 교배종

(　)는 일본명

대팔주(Ohyashima)

소성용당자(Oginoodorikarako)

미상(Onoe)

사침(Omoine)

사공(Omoinosora)

구화(Kagaribi)

신락(Kagura)

신락사자(Kagurajishi)

록도(Kashima)

록모직(Kageori)

춘일야(Kasugano)

무관(Kasumigaseki)

곽공(Kakkou)

계반(Katuragaeshi)

계천(Katsuragawa)

구루메 교배종

( )는 일본명

계화(Katuranohana)

겸창(Kamakura)

당금(Karanishiki)

한소 기리시마(Kanzaki kirishima)

기원(Kigen)

기념(Kinen)

군대(Kimigayo)

구궁성야(Kyumiyagino)

동호(Kiritsubo)

기린(Kirin)

금태양(Kintaiyou)

국상(Kunitoko)

국예(Kuninohomare)

국광(Kunimitsu)

우미인(Gubijin)

구루메 교배종

(　)는 일본명

운정학(Kumoizuru)

운무(Kumogiri)

운상(Kumonoue)

위뉴(Kurainohimo)

차반(Kurumagaesi)

구루메소정(Kurumekomachi)

군기(Gunki)

원록(Genroku)

고량춘(Kouranoharu)

아유(Koasobi)

아중(Kogasane)

고금란(Kokinran)

구중(Kokonoe)

소식부(Koshikibu)

호접(Kochou)

구루메 교배종

(　　)는 일본명

소접무(Kochounomai)

소호(Kotsubo)

차화(Konohana)

소정(Komachi)

소정무(Komachinomai)

어성혼(Goseikon)

조을녀(Saotome)

앵중(Sakuragasane)

앵수(Sakuragari)

앵천(Sakuragawa)

앵소정(Sakurakomachi)

앵사(Sakuratsukasa)

좌근(Sakon)

소파(Sazanami)

리광(Satonohikari)

구루메 교배종

(　　)는 일본명

삼황(Sankou)

삼광금(Sankounishiki)

자운대(Shiundai)

자운롱(Shiunnotaki)

지하(Shiga)

자신전(Shishinden)

식부앵(Shikibuzakura)

시우롱(Shigurenotaki)

동운(Shinonome)

석교(Shakkyou)

축전(Shukuten)

주중화(Shuchuka)

십이일중(Jyunihitoe)

소화예(Shouwanohomare)

백로(Shirotsuyu)

구루메 교배종

(　　)는 일본명

불지화(Shiranui)

백설(Shirayuki)

백묘(Shirotae)

신미상(Shinonoe)

전(Shingari)

신오복(Shingofuku)

신청해(Shinseigai)

신천지(Shintenchi)

신보우중(Shintokinohagasane)

신상하(Shintokonatsu)

수정렴(Shishouren)

수등염(Suitouzome)

말적화(Suetsumuhana)

관사(Suganoito)

거농사(Susogonoito)

구루메 교배종

(　　)는 일본명

접묵(Surusumi)

성화(聖花 ; Seika)

성화(盛華 ; Seika)

청해(Seigai)

세전입일(Setanoirihi)

염천(Somenokawa)

대기린(Daikirin)

대훈위(Daikuni)

대전(Taiten)

묘음(Taene)

고사(Takasago)

수수(Tagasode)

고시회(Takamakie)

보옥(Takaranotama)

전자포(Tagonoura)

구루메 교배종

(　　)는 일본명

전자불인(Tagonofuji)

옥수상(Tamatebako)

옥여(Tamanokoshi)

옥홍(Tamabeni)

옥연(Tamayukari)

주전연(Tamatanoyukari)

단정(Tanchou)

치아유(Chigoasobi)

치아무(Chigonomai)

천년춘(Chitosenoharu)

접우중(Chounohagasane)

천대전앵(Chiyodazakura)

천대학(Chiyozuru)

통천(Tsuuten)

사홍(Tsukasabeni)

구루메 교배종

(　)는 일본명

월견연(Tsukiminoen)

천홍엽(Tsutamomiji)

조국(Terukuni)

천지개(Tenchikai)

천녀무(Tennyonomai)

천여(Tenyo)

상하(Tokonatsu)

상춘(Tokoharu)

명사관(Nakosonoseki)

나도강(Najimanooka)

난파석(Naniwagata)

성평(Narihira)

명해교(Narumishibori)

금중(Nishikigasane)

금공작(Nishikikujaku)

구루메 교배종

(　)는 일본명

금사(Nishikitsukasa)

일광(Nikkou)

침옥선(Neyanoohgi)

백황금(Hakuounishiki)

백목단(Hakubotan)

초매(Hatsuume)

초피(Hatsukatsugi)

초음(Hatsune)

화유(Hanaasobi)

화벌(Hanaikada)

화형견(Hanagatami)

화제(Hananomikado)

화취설(Hanafubuki)

춘서(Harunoakebono)

춘리(Harunosato)

구루메 교배종

(　)는 일본명

동산(Higashiyama)

미광옥(Bikounotama)

미인취(Bijinsui)

상륙산(Hitachiyama)

비의(Hinokoromo)

비사(Hinotsukasa)

일출무(Hinodegiri)

일출운(Hinodenokumo)

일출응(Hinodenotaka)

비고(Hinohakama)

희경(Himekagami)

백화찬(Hyakkasen)

불가사의(Fukasigi)

복수(Fukuju)

복언(Fukuhiko)

구루메 교배종

( )는 일본명

복포(Fukuzutsumi)

부사욱(Fujinoasahi)

부사사(Fujinoomoi)

부사무(Fujigasumi)

부사거야(Fujinosusono)

이중상하(Futaetokonatsu)

필습산(Fudesuteyama)

필사(Fudetsukasa)

필지(Fudedome)

필중(Fudenaka)

문조(Bunchou)

변재천(Bezaiten)

홍필(Benifude)

홍목단(Benibotan)

발심앵(Hosshinzakura)

구루메 교배종

(　　)는 일본명

무공작(Maikujaku)

무희(Maihime)

송설(Matsunoyuki)

창월(Madonotsuki)

만산(Manzan)

염내(Misunouchi)

삼즐교(Mikushishibori)

제금(Mikadonishiki)

견반앵(Mikaerizakura)

어기금(Mihatanishiki)

어실산(Mimuroyama)

궁성야(Miyagino)

도교(Miyakoshibori)

도예(Miyakonohomare)

도미인(Miyakobijin)

구루메 교배종

( )는 일본명

어대춘(Miyonoharu)

어대예(Miyonohomare)

무장야(Musashino)

자롱(Murasakikago)

촌우(Murasame)

군천조(Murechidori)

명치예(Meijinohomare)

도원(Momozono)

쌍회구보(Moroekubo)

팔교(Yatsuhashi)

팔천대(Yachiyo)

대화앵(Yamatozakura)

대화금(Yamatonishiki)

대화춘(Yamatonoharu)

석모(Yuugure)

구루메 교배종

(　)는 일본명

설면(Yukinomo)

설구(Yukinokoma)

양로(Yourou)

야앵(Yozakura)

길야산(Yoshinoyama)

길견악(Yoshimigatake)

만대(Yorozuyo)

란곡(Rangyoku)

용사천(Ryusagawa)

유성(Ryusei)

용문(Ryumon)

약질자(Wakaebisu)

약풍(Wakakaede)

화가포(Wakanoura)

약엽(Wakaba)

왜철쭉 교배종

(　　)는 일본명

십육야(Izayoi)

석산(Ishiyama)

축사자(Iwaijishi)

소포대(Emihotei)

대진소분(Ohtsusakiwake)

대진교(Ohtsushibori)

을녀무(Otomenomai)

해락(Kairaku)

립치(Kasagi)

화정(Kachou)

화보(Kahou)

귀공자(Kikoushi)

귀찬(Kisen)

경금(Kyounishiki)

금화산(Kinkazan)

왜철쭉 교배종

(　　)는 일본명

옥린(Gyokurin)

운해(Kumonoumi)

광사자(Kuruijishi)

군망(Gunbou)

군망금(Gunbounishiki)

황해월(Koukainotsuki)

광락(Kouraku)

삼승(Sankatsu)

칠복수(Shichifukujyu)

교조안(Shiboriasagao)

조뉴(Shirabenohimo)

상아(Jyouga)

주길(Sumiyoshi)

대주배(Taishuhai)

대공망(Taikoubou)

왜철쭉 교배종

( )는 일본명

옥직희(Tamaorihime)

옥정(Tamanoi)

지구보(Chikyuhou)

천세금(Chitoseonishiki)

중양(Chouyou)

천대서(Chiyonoakebono)

천장(Tenshou)

축파(Chikuba)

천녀자(Tennyonosugata)

보우중(Tokinohagasane)

업평(Narihira)

금봉련(Nishikihouren)

금어기(Nishikinomihata)

박다백(Hakatashiro)

초소(Hatsuwarai)

왜철쭉 교배종

(　　)는 일본명

비위(Hiodoshi)

미환(Bikan)

등수(Fujimori)

이중학(Futaezuru)

불야성(Fuyajou)

홍기린(Benikirin)

진학(Manazuru)

도춘(Miyakonoharu)

심산설(Miyamanoyuki)

어대경(Miyonokagami)

팔지경(Yatanokagami)

미생강(Yayoinooka)

우승(Yushou)

약혜비수(Wakaebisu)

약송(Wakamatsu)

구루메 대륜 교배종

(   )는 일본명

서석남(Akebonoshakunan)

수(Kotobuki)

백석남(Shiroshakunan)

석남(Shakunan)

수마(Suma)

저백석남(Sokoshiroshakunan)

천심(Tenshin)

우의(Hagoromo)

비의(Hinokoromo)

홍석남(Benishakunan)

어대영(Miyonosakae)

양산금(Ryouzannishiki)

구와노 교배종

(　)는 일본명

추월(Akizuki)

천무(Izuminomai)

춘일야(Kasugano)

월광곡(Gekkounokyoku)

월세계(Gessekai)

흑룡(Kokuryuu)

국화(Kokka)

소화(Syouwa)

백추(Shirahagi)

축자(Chikushi)

천산광(Tenzannohikari)

백접무(Hakuchounomai)

구와노 교배종

(　)는 일본명

화천(Hananoizumi)

춘조(Harunoasa)

춘파(Harunonami)

춘목각(Harunomezame)

비해(Hinoumi)

미녀앵(Bijozakura)

성경(Hoshikagami)

삼중해(Mienoumi)

녹희(Midorihime)

촌우(Murasame)

난무(Ranbu)

양산광(Ryouzannohikari)

히사도미 교배종

(　　)는 일본명

에노시마(Enoshima)

가스가노(Kasugano)

간빠이(Kampai)

고노하나(Konohana)

지구시노(Chikushino)

하나조노(Hanazono)

눈철쭉

(　　)는 일본명

서(Akebono)

염자(Ademurasaki)

영광(Eikou)

구도춘(Kushimanoharu)

환성락(Genjouraku)

앵전(Sakurada)

백공작(Shirokujaku)

백은(Shirogane)

신장(Sinshou)

정지진(Shounoshin)

대붕(Taihou)

축자문(Chikushishibori)

눈철쭉

( )는 일본명

천신(Tenjin)

비선(Hiohgi)

평호예(Hiradonohomare)

평화광(Heiwanohikari)

봉황(Houou)

송영(Matsunosakae)

무자(Maisugata)

도산(Momoyama)

나생문(Rashoumon)

난만(Ranman)

용신(Ryujin)

풍후홍(Bungokurenai)

미야마 교배종

( )는 일본명

아가쯔끼(Akatsuki)

능예(Ayanohomare)

운선백(Unzenhaku)

을희(Otohime)

무몽(Kirinoyume)

청희(Kiyohime)

구주백(Kujuhaku)

구중(Kokonoe)

좌근(Sakon)

소야희(Sayohime)

서홍(Zuikou)

고천수(Takachiho)

천사(Tenshi)

초춘(Hatsuharu)

초일(Hatsuhi)

미야마 교배종

(　　)는 일본명

춘우(Harusame)

춘해(Harunoumi)

보현월(Fugennotsuki)

부사중(Fujigasane)

등소정(Fujikomachi)

등랑(Fujimusume)

홍작(Benisuzume)

무선(Maiohgi)

만년앵(Hanezakura)

심산연(Miyamanoutage)

심산식부(Miyamashikibu)

심산거농(Miyamasusogo)

석무(Yuugiri)

유포앵(Yufuzakura)

유포문(Yufushibori)

벨지안 아잘레아

( )는 일본명

Asahi

욱괴(Asahisakigake)

영봉(Eihou)

왕관(Ohkan)

청희(Kiyohime)

오죽(Kuretake)

십이일중(Junihitoe)

청랑(Seirou)

원화(Sononohana)

춘등(Harunotomosribi)

하루노히비키(Harunohibiki)

병장(Hamanoyosooi)

벨지안 아잘레아

( )는 영명

메이보우(Meibou)

웨딩 드레스(Wedding Dress)

웰스(Wealth)

엘리(Elii)

코러스(Chorus)

타밀라(Tamila)

치어 걸(Chee Girl)

팬시 드레스(Fancy Dress)

블루어트(Blueart)

화이트 워터(White Water)

미숀 벨(Mission Bell)

리본 로스(Ribbon Rose)

세계적으로 유명한 주요 철쭉류

스카브럼 철쭉 *R. scabrum*

대만 철쭉 *R. simsii*

아마노이 철쭉 *R. amanoi*

마크로세팔룸 철쭉 *R. macrosepalum*

리펜스 철쭉 *R. ripense*

캠페리 철쭉 *R. kaempferi*

코미야마에 *R. komiyamae*

산철쭉 *R. yedoense* var. *poukhanense*

왜성 캠페리 철쭉 Dwart type of *R. kaempferi*

사타엔스 철쭉 *R. sataense*

세필리폴리움 철쭉 *R. serpylifolium*

기타 철쭉류

에리카르품 철쭉 *R. ericarpum*

타시로이 철쭉 *R. tashiroi*

참꽃나무 *R. weyrichii*

상크툼 철쭉 *R. sanctum*

아마기아눔 철쭉 *R. amagianum*

딜라타툼 철쭉 *R. dilatatum* var. *becandrum*

레티큘라툼 철쭉 *R. reticulatum*

황(홍)철쭉 *R. japonicum*

진달래 *R. mucronulatum*

라토우체아에 철쭉 *R. latoucheae*

키사마기베니 철쭉 *R. xamagibeni choju*

원예종 철쭉

(　　)는 일본명

미예문 (obikishibori)

경진자(kyoukanoko)

사계무(Shikinomai)

관사(Sekidera)

봉송풍(Minenomatsukaze)

앵무도(Sakurakirishima)

백무도(Shiro kirishima)

일출무도(Hinode kirishima)

홍무도(Beni kirishima)

사무도(Mino kirishima)

자무도(Murasaki kirishima)

강호화화(Edo hanabi)

소자(Komurasaki)

촉태고(Furedaiko)

봉황전(Houohden)

영국 육성 철쭉

(　　)는 영명

애디 웨리(Addy wery)

에베레스트(Everest)

오렌지 뷰티(Orange Beauty)

스노우 힐(Snow Hill)

티티푸(Titipu)

부이크스 스칼렛(Vuyk' s Scarlet)

프린센스 이다(Princess Ida)

블루 다누베(Blue Danube)

푸 바(Poo Bah)

로스 버드(Rose Bud)

미국 육성 분화용 철쭉 (　)는 영명

에드몬드엠 보엠(Edmond M.Boehem)

엠마 레이드(Emma Reid)

잔넷 레아(Janet Rhea)

티니(Tiny)

레이드 레드(Reid Red)

린우드 오팔(Linwood Opal)

린우드 러스터(Linwood Luster)

린우드 하디 가데니아(Linwood Hardy Gardenia)

린우드 핑크(Linwood Pink)

엘지 리(Elsie Lee)

카롤라인 도만(Caroline Dorman)

세인트 제임스(Saint James)

미국 육성 분화용 철쭉 ( )는 영명

타겟(Target)

부판트(Bouffant)

라지쎄(Largesse)

얼리 베니(Early Beni)

도로시 하이덴(Dorothy Hayden)

도로시 리스(Dorothy Rees)

낸시 오부 로빈 힐(Nancy of Robin Hill)

바리오 더비(Bario Derby)

프로스티(Frosty)

베티 앤 부스(Betty Ann Voos)

베티 레이만(Betty Layman)

지미 쿠버(Jimmy Coover)

미국 육성 분화용 철쭉 (   )는 영명

카멜레온(Chameleon)

카발리어(Cavalier)

카펠라(Capella)

그란디(Grandee)

그리팅스(Greetings)

켄우드(Kenwood)

트로우바돌(Troubador)

헬렌 클로우스(Helen Close)

라디안스(Radiance)

원더러(Wanderer)

레드 윙(Red Wing)

중국 철쭉

단비우미

촉규

석류홍

침사

약정

휀신호로

여몽

묘향옥

금잔

옥병

낙소요

백목단

독일 육성 철쭉 ( )는 영명

라인홀드 암부로시우스(Reinhold Ambrosius)

암브로시아나(Ambrosiana)

덕터 아놀드(Doctor Arnold)

파비올라(Fabiola)

플라멘코(Flamenco)

벨지움 아잘레아 ( )는 영명

그레텔(Gretel)

콘씨나(Concina)

비올라세아(Violacea)

핑크 드림(Pink Dream)

프로페서 볼터스(Professor Wolters)

마담 디 바엘레(Madame De Waele)

유라톰(Euratom)

레오폴드(Leopold)

레오폴드 아스트리드(Leopold Astrid)

라라(Lara)

피노키오(Pinocckio)

유명한 왜철쭉 교배종

(　)는 일본명

애국(Aikoku)

애염월(Aizennotsuki)

애월(Ainotsuki)

애금(Ainonishiki)

애광(Ainohikari)

규(Aoi)

벽공(Aozora)

적황산광(Akakozannohikari)

적체(Akanagi)

추전교(Akitashibori)

추전금(Akitanishiki)

아고야희(Akoyahime)

유명한 왜철쭉 교배종

(　　)는 일본명

마조(Asadori)

조일(Asahi)

욱학(Asahizuru)

욱천(Asahinoizumi)

욱화(Asahinohana)

욱광(Asahinohikari)

비조광(Asukanohikari)

오처경(Azumakagami)

오처금(Azumanishiki)

오처설(Azumanoyuki)

천청(Appare)

릉금(Ayanishiki)

유명한 왜철쭉 교배종

(　)는 일본명

아유미(Ayumi)

유명월(Ariakenotsuki)

십육야(Izayoi)

석산(Ishiyama)

이즈미(Izumi)

천광(Izuminohikari)

일생춘(Isshonoharu)

일수(Issui)

금촌희(Imamurahime)

채(Irodori)

축월(Iwainotsuki)

부운월(Ukigumonotsuki)

유명한 왜철쭉 교배종 (　)는 일본명

부금(Ukinishiki)

우치월(Ujinotsuki)

박견(Usuginu)

박화장(Usugesho)

파파천(Uzumagawa)

가려(Utamaro)

우주월(Uchunotsuki)

운월(Ungetsu)

운월광(Ungetsunohikari)

운봉(Unpo)

영광(Eiko)

영관(Eikan)

유명한 왜철쭉 교배종

(　　)는 일본명

영자(Eishi)

황금월(Ogonnotsuki)

왕봉(Oho)

대강천(Oegawa)

대배(Osakazuki)

옹우(Okinanotomo)

옹환(Okinamaru)

남록금(Ojikanishiki)

소전급(Otakumi)

을녀(Otome)

온용(Onyo)

은상(Onsho)

유명한 왜철쭉 교배종

(   )는 일본명

개선(Kaisen)

해락(Kairaku)

화염(Kaen)

화경광(Kakyonohikari)

화월(Kagetsu)

화월예(kagetsunohomare)

악려(Gakurei)

록호(Kako)

록산(Kazan)

화산(Kazan)

화상(Kasho)

화신(Kashin)

유명한 왜철쭉 교배종

(　　)는 일본명

가신(Kashin)

풍(Kaze)

승성(Kachiboshi)

화보(Kaho)

화보광(Kahonohikari)

록북월(Kahokunotsuki)

상산(Kaminoyamakirin)

록소광(Kanumanohikari)

당사(karaito)

화련광(Karenko)

관동백(Kantojiro)

관녀(Kanjo)

유명한 왜철쭉 교배종

(　　)는 일본명

귀학(Kikaku)

국화(Kikuka)

국수(Kikusui)

귀현성(Kikenjo)

귀공자(Kikoshi)

기사라즈(Kisarazu)

귀성(Kijo)

욱혜(Kyokusui)

길봉광(Kipponohikari)

견월(Kinunotsuki)

귀노광(Kinunohikari)

귀부인(Kifujin)

유명한 왜철쭉 교배종

( )는 일본명

기문화(Kibunnohana)

기미향(Kimika)

기미화(Kiminohana)

기미환(Kimimaru)

귀낭(Kimusume)

효광(Gyoko)

효광관(Gyokokan)

경소정(Kyokomachi)

경락(Kyoraku)

효천(Gyoten)

옥상(Gyokusho)

옥진(Gyokushin)

유명한 왜철쭉 교배종

(　　)는 일본명

옥당(Gyokudo)

옥령(Gyokurei)

옥련(Gyokuren)

욱황(Kyokko)

욱광금(Kyokkonishiki)

동광(Kirinohikari)

기린(Kirin)

기린경 (KirinnoKagami)

은하(Ginga)

김구(Kingu)

금채(Kinsai)

은세계(Ginsekai)

유명한 왜철쭉 교배종 ( )는 일본명

금주월(Kinshunotsuki)

금성(Kinsei)

은성(Ginsei)

금파(Kinpa)

금금(Kinnishiki)

은채(Ginnosai)

금배(Kinpai)

음봉(Ginpo)

금보(Kinpo)

금보금(Kinponishiki)

금명(Kinmei)

은령(Ginrei)

유명한 왜철쭉 교배종

( )는 일본명

남옥(Kusudama)

광사자(Kuruijishi)

군희(Gunki)

훈풍(Kunpu)

군봉(Gunpo)

군망금(Gunbonishiki)

군려(Gunrel)

계산월(Keizannotsuki)

경축(Keishuku)

월계관(Gekkeikan)

월광(Gekko)

월황관(Gekkokan)

유명한 왜철쭉 교배종

(　)는 일본명

월덕(Gettoku)

검광(Kenko)

원씨차(Genjiguruma)

검릉(Kenbishi)

황운(Koun)

광화(Koka)

소금금(Koganenishiki)

황경광(Kokyonohikari)

황옥(Kogyoku)

홍옥희(Kogyokuhime)

향월(Kogetsu)

호월(Kogetsu)

유명한 왜철쭉 교배종

(　　)는 일본명

황월(Kogetsu)

황국(Kokoku)

황산(Kozan)

황산금(Kozannishiki)

황산채(Kozannosai)

황산월(Kozannotsuki)

황산광(Kozannohikari)

황산예(Kozannohomare)

갑자원월(Koshiennotsuki)

공자월(Koshinotsuki)

황상광(Kojonohikari)

황승예(Koshonohomare)

유명한 왜철쭉 교배종

(　　)는 일본명

황취(Kosui)

오광(Goko)

홍전(Koten)

홍매(Kobai)

행복광(Kofukunohikari)

고풍광(Kohonohikari)

홍만중(Komane)

황명(Komei)

광락(Koraku)

황류(Koryu)

광림(Korin)

국왕(Kokuo)

유명한 왜철쭉 교배종

(　　)는 일본명

국광(Kokko)

구중정(Kokonoenoniwa)

월로광(Koshijinohikari)

월파(Koshinonami)

어소앵(Goshozakura)

고성월(Kojonotsuki)

호상월(Kojonotsuki)

오대주(Gọdaishu)

소춘(Kotsubaki)

소천구(Kotengu)

금(Koto)

수(Kotobuki)

유명한 왜철쭉 교배종

(　　)는 일본명

수원(Kotobukinosono)

수희(Kotobukihime)

고바루토(Kobaruto)

호반월(Kohannotsuki)

호미금(Gobinishiki)

호보(Goho)

소정소(Komachiwarai)

소(Koyake)

오륜금(Gorinnishiki)

감길경(Konkikyo)

금강광(Kongonohikari)

채운(Saiun)

유명한 왜철쭉 교배종

( )는 일본명

앵경(Sakurakagami)

앵산(Sakurayama)

행화(Sachinohana)

행광(Sachinohikari)

살마홍(Satsumabeni)

삼황월(Sankonotsuki)

행복월(Shiawasenotsuki)

자왕(Shio)

자수(Shisui)

사계리(Shikimagaki)

사계고령(Shikitakane)

사계리(지합 ; Shikimagaki)

유명한 왜철쭉 교배종

(　)는 일본명

자광(Shiko)

자광경(Shikonokagami)

자광월(Shikonotsuki)

자광전(Shikoden)

자신전(Shishinden)

일월성(Jitsugessei)

자보(Shiho)

자보관(Shihokan)

교조안(Siboriasagao)

도낭(Shimamusume)

사락(Sharaku)

십일야(Juichiya)

유명한 왜철쭉 교배종

(　　)는 일본명

추월(Shugetsu)

십삼야(Jusanya)

수봉광(Shuhonohikari)

축수무(Shukujunomai)

수광(Juko)

주광월(Shukonotsuki)

수송(Jusho)

주중화(Shuçhuka)

춘월(Shungetsu)

항아(Joga)

상서(Shozui)

송죽매(Shochikbai)

유명한 왜철쭉 교배종

(　　)는 일본명

소화금(Showanishiki)

소화휘(Showanokagayaki)

소화무(Showanomai)

촉홍금(Shokkonishiki)

백사룡(Shiraitonotaki)

백로(Shirasagi)

백부사(Shirafuji)

시라베(Shirabe)

자용예(Shiryunohomare)

자용무(Shiryunomai)

백황산(Shirokozan)

신기원(Shinkigen)

유명한 왜철쭉 교배종

(　)는 일본명

신경(Shinkyo)

신수(Shinkotobuki)

진주광(Sinjunohikari)

신송화(Shinshonohana)

신성(Shinsei)

신세기(Shinseiki)

신세계(Shinsekai)

신찬(Shinsen)

신대경(Jindaikagami)

신대의(Jindaigoromo)

신태양(Shintaiyo)

신대금(Jindainishiki)

유명한 왜철쭉 교배종

(　)는 일본명

진여월(Shinnyonotsuki)

진여광(Shinnyonohikari)

신송경(Shinmatsukagami)

친란(Shinran)

서왕(Zuio)

취관(Suikan)

취월(Suigetsu)

서지(Zuishi)

취월(Suigetsu)

서지(Zuishi)

취려월(Suireinotsuki)

섬운(Seiun)

유명한 왜철쭉 교배종 ( )는 일본명

성화(Seika)

청화(Seika)

성월(Seigetsu)

청광(Seiko)

청황월(Seikonotsuki)

청황광(Seikonohikari)

청산월(Seizannotuki)

성대(Seidai)

성도화(Seitonohana)

청봉(Seiho)

청람(Seiran)

성림(Seirin)

유명한 왜철쭉 교배종

( )는 일본명

세계광(Sekainohikari)

세계예(Sekainohomare)

석춘(Sekishun)

관수채(Sekimorinosai)

관수채(팔중 ; Sekimorinosai)

설중송(Secchunomatsu)

설산(Setsuzan)

설중왕(Secchunoo)

천향휘(Senkyonokagayaki)

천석주(Sengokubune)

초원월(Sogennotsuki)

장엄금(Sogonnishiki)

유명한 왜철쭉 교배종

(　)는 일본명

상부연(Sofuren)

소광(Soko)

대관(Taikan)

대극전(Daikyokuden)

태합(Taiko)

대황광(Daikonohikari)

대산백(Taizanhaku)

대사백(Daishihaku)

대주배(Daishuhai)

대정금(Taishonishiki)

대성광(Daiseiko)

대설산(Taisetsuzan)

유명한 왜철쭉 교배종

( )는 일본명

태평관(Taiheikan)

대풍(Taiho)

고웅(Takao)

고사(Takasago)

귀화(Takanohana)

보(Takara)

보주(Takarabune)

전매월(Tagotonotsuki)

전매광(Tagotonohikari)

신사광(Tatsuminohikari)

이달자(Datemurasaki)

곡간설(Tanimanoyuki)

유명한 왜철쭉 교배종

(　)는 일본명

옥직희(Tamaorihime)

옥경(Tamakagami)

옥정(Tamanoi)

옥광(Tamanohikari)

옥모단(Tamabotan)

지구보(Chikyuho)

죽생도(Chikubujima)

추아자(Chigosugata)

천학(Chizuru)

천세천(Chitosegawa)

천세금(Chitosenishiki)

다전(Chasen)

유명한 왜철쭉 교배종

(　　)는 일본명

장영(Choei)

장영락(Choeiraku)

장수축(Chojunoiwai)

장수보(Chojuho)

장수락(Chojuraku)

조돈(Choton)

천대경(Chiyokagami)

천대앵(Chiyozakura)

천대월(Chiyonotsuki)

천대광(Chiyonohikari)

천대예(Chiyonohomare)

진산(Chinzan)

유명한 왜철쭉 교배종 (　)는 일본명

진풍(Chinpu)

사(Tsukasa)

월(Tsuki)

월상(Tsukinoshimo)

월인환(Tsukinohitomaru)

월희(Tsukihime)

춘희(Tsubakihime)

춘희(Tsubakihime)

학과롱320(Tsurunosugomori)

휘희(Teruhime)

천경(Tenkei)

천광(Tenko)

유명한 왜철쭉 교배종

( )는 일본명

천장(Tensho)

천여광(Tennyonohikari)

천배(Tenpai)

동명금(Tomeinishiki)

보군봉(Tokigunpo)

상반(Tokiwa)

동산금(Tozannishiki)

동조광(Toshonohikari)

중진광(Nakatsunohikari)

나지월(Nachinotsuki)

칠성(Nanatsuboshi)

파자취(Namishibuki)

유명한 왜철쭉 교배종 ( )는 일본명

파천조(Namichidori)

업평(Narihira)

난파금(Nanbanishiki)

신석(Niigatakirin)

홍(Niji)

금어기(Nishikinomihata)

금산(Nishikinoyama)

일광(Nikko)

여봉산(Nyohozan)

매보(Baiho)

박다백(Hakatajiro)

박다광(Hakatanohikari)

유명한 왜철쭉 교배종

( )는 일본명

방하예(Haganohomare)

백신(Hakushin)

백선무(Hakusennomai)

백학(Hakutsuru)

백봉(Hakuho)

백령(Hakurei)

백조(Hakucho)

백접무(Hakuchonomai)

초연(Hatsukoi)

초화(Hatsunohana)

화경(Hananokagami)

화황(Hananohikari)

유명한 왜철쭉 교배종

(　)는 일본명

우의광(Hagoromonohikari)

화가(Hanayome)

화취설(Hanafubuki)

춘하(Harugasumi)

춘금(Harunishiki)

화모단(Hanabotan)

화가(Hanayome)

임리(Hayashinosato)

춘원(Harunosono)

춘연(Harunoutage)

청자(Haresugata)

만화(Banka)

유명한 왜철쭉 교배종

(　　)는 일본명

만악(Bangaku)

만세(Banzai)

만상(Banjo)

일산(Higasa)

광(Hikari)

광원씨(Hikarugenji)

광사(Hikarinotsukasa)

광정종(Hikarinomasamune)

미관(Bikan)

미황(Biko)

미인(Bijin)

인환(Hitomaru)

유명한 왜철쭉 교배종

(   )는 일본명

비사(Hinotsukasa)

비매(Hibai)

히비키(Hibiki)

미봉(Biho)

미봉관(Bihokan)

희금(Himenishiki)

반수(Bansui)

만뢰(Banrai)

비위(Hiodoshi)

희팔지(Himeyata)

일향야(Hyugano)

복수(Fukuju)

유명한 왜철쭉 교배종

(　　)는 일본명

복수하(Fukujunokasumi)

복작(Fukusuzume)

복화(Fukunohana)

복광(Fukunohikari)

부구희(Fukuhime)

등향(Fujika)

등어전(Fujigoten)

부사앵(Fujizakura)

부이금(Fujinishiki)

부용봉(Fuyonomine)

문화(Bunka)

평화(Heiwa)

유명한 왜철쭉 교배종

( )는 일본명

평화경(Heiwanokagami)

평화광(Heiwanohikari)

홍산(Benigasa)

홍천조(Benichidori)

홍(Benitsubame)

홍모단(Benibotan)

풍월(Hogetsu)

풍광(Hoko)

풍채(Hosai)

보수경(Hojunokagami)

봉상(Hosho)

봉성(Hosei)

유명한 왜철쭉 교배종

(　)는 일본명

방성(Hosei)

북두광(Hokutonohikari)

성(Hoshi)

성월야(Hoshizukiyo)

모정월(Bojonotsuki)

곽공(Hototogisu)

풍년(Honen)

무선(Maiogi)

무화장(Maigesho)

권견(Makiginu)

송경(Matsukagami)

송파(Matsunami)

유명한 왜철쭉 교배종

(　)는 일본명

송사(Matsunotsukasa)

송월(Matsunotsuki)

송화(Matsunohana)

송광(Matsunohikari)

송예(Matsunohomare)

만월(Mangetsu)

미월(Mizuki)

서혜경(Mizuhonokagami)

미혜화(Mihonohana)

봉월(Minenotsuki)

봉광(Minenohikari)

봉설(Minenoyuki)

유명한 왜철쭉 교배종 ( )는 일본명

도월(Miyakonotsuki)

도화(Miyakonohana)

궁광(Miyanohikari)

심산설(Miyamanoyuki)

어행(Miyuki)

명성(Myojo)

어대월(Miyonotsuki)

자부사(Murasakifuji)

명경(Meikyo)

명월(Meigetsu)

명광(Meiko)

명성(Meisei)

유명한 왜철쭉 교배종 ( )는 일본명

명조(Meicho)

명모(Meibo)

명랑(Meiro)

부부경(Meotokagami)

도춘(Momonoharu)

시판백(Yaitajiro)

팔중원희(Yaegakihime)

팔중의(Yagoromo)

팔중월(Yaenotsuki)

팔지경(Yatanokagami)

팔지채(Yatanosai)

팔지예(Yatanohomare)

유명한 왜철쭉 교배종 (　)는 일본명

산천월(Yamakawanotsuki)

대화(Yamato)

일본광(Yamatonohikari)

산서(Yamanoakebono)

산보(Yamanotakara)

산광(Yamanohikari)

산언(Yamabiko)

미생월(Yayoinotsuki)

미생광(Yayoinohikari)

유(Yawara)

석무(Yugiri)

우선모양(Yuzenmoyou)

유명한 왜철쭉 교배종

(　　)는 일본명

우월(Yugetsu)

설서(Yukinoakebono)

유메(Yume)

몽심(Yumegokoro)

양황(Yoko)

양봉(Yoho)

양노광(Yoronohikari)

야앵(Yozakura)

정광(Yodonohikari)

사방춘(Yomonoharu)

양명문(Yomeimon)

내광(Raiko)

유명한 왜철쭉 교배종

(　)는 일본명

용선(Ryusen)

임풍(Rinpu)

임랑(Rinro)

여월(Reigetsu)

여광(Reiko)

여자(Reishi)

여인(Reijin)

영봉(Reiho)

노월(Rogetsu)

약혜비수(Wakaebisu)

약구(Wakakoma)

약화(Wakanohana)

유명한 왜철쭉 교배종 ( )는 일본명

약송(Wakamatsu)

약산(Wakayama)

소사자(Waraijishi)

원예용어 해설

가식(假植) temporary planting 파종 후 수확까지 작물을 옮겨 심는 작업을 이식이라 하는데 가식은 본 포장으로의 정식 이외에 일시적인 이식과정을 말한다. 또 육묘포트를 이용할 경우는 분식, 분갈이 등의 용어를 사용하고 있다.

강(綱) class 생물 분류학상의 한 단위로써 문(門)의 아래이며, 목(目)의 위이다. 이를테면 척추동물문(脊椎動物門)의 포유강(哺乳綱)·조강(鳥綱)·파충강(爬蟲綱)·어강(魚綱) 따위.

겹꽃, 겹피기 double flowered 홑꽃의 수술, 암술 및 악편 등이 꽃잎으로 변하여 꽃잎 수가 증가한 것을 겹꽃(겹피기)이라고 한다. 일반적으로 겹꽃은 홑꽃보다도 관상가치가 높다. 화훼식물의 카네이션이 좋은 예이고, 초롱꽃이나 나팔꽃의 겹꽃은 꽃잎이 갈라져서 증가하고 갈라진 열편이 커진 것이다. 변화의 원인은 확실히는 알 수 없지만 유전하는 형질이다. 환경조건의 변화에 의해서도 일시적인 기형으로 겹꽃이 생기는 경우도 있고 약품처리에 의해서도 유기된다.

계(界) 생물 분류학상의 한 단위로써 가장 상위의 계급. 흔히 생물을 동물계와 식물계의 둘로 나누나 그 이상으로 나누기도 한다.

계(系) series 한 계통이 나 혈통으로 이어진 것임을 뜻하는 말이 다.

고정종(固定種) purebred variety, truebred variety 1대 잡종(F1)이 아닌 품종으로 종묘업계에서는 단종(單種)이라고도 부른다. 종묘법에서는 동일한 번식단계 또는 서로 다른 번식단계에 속하는 식물체의 전부가 중요한 형질에 관계된 특성에서 충분히 유사하고, 하나 또는 둘 이상의 특성에 의해 다른 식물체와 명확하게 구별되는 것이다.

과(科) family 생물분류학상의 한 단위로써 속(屬)의 위이며, 목(目)의 아래에 위치한다. 속(屬)과의 사이에 아과(亞科)를 두기도 한다.

관목(灌木) 키 2m 안팎의 목본식물로써 원줄기가 분명치 않고 밑둥에서 가지가 많이 나는 나무이다.

교배친화성 → 교잡

관상화(管狀花) disc floret, tubular floret 통상화라고도 하며 국화과 식물의 두상화서 중심부에 있는 꽃을 관상화라고 한다. 관상화는 설상화보다 발육이 불량하여 짧은 통상을 갖는다. 관상화에는 암·수술이 있어서 임성도 있다. 홑꽃에는 중심부의 관상화가 돋보인다.

교잡(交雜) cross, crossing, hybridization 자웅의 배우자가 있어, 이들이 결합하는 것을 생식 (mating, 교배)이라고 한다. 이 교배 중 양전화(兩全花) 또는 자웅 동주의 개체 내에서 행해지는 것이 자식(自殖, selfing)이고 개체 간에 행해지는 교배가 교잡이다. 타식성 작물에서는 자웅이주, 자가불화합성 또는 자(雌)(또는 雄)성, 선숙(先熟)등 여러 가지 생리기구에 의해 자연교잡이 행해져 집단 내에 잡종성(헤테로성)이 유지되고 있다. 또한 자식성 작물에 있어서도 0.5~0.6%에서 몇 %의 타식률(他殖率)이 있는 것도 보통의 현상이다.

품종육성의 과정에서 A품종의 a형질과 B품종 의 b형질을 결합시켜 새로운 품종을 만들어 내는 것이 가장 기본적인 생각으로, 인공교잡이 행해지게 되었다. 육종의 제1단계는 분리집단을 얻는 것으로, 여러 가지의 방법이 생각되어지고 있는데 인공교배에 의해 잡종집단을 얻는 방법이 가장 일반적이다.

육종에 있어 교잡이라고 할 때, 거기에 이용되는 개체 간에는 유전적 차이가 있는 것을 전제로 하는데, 그 차의 대소에 의해 원연교잡, 근연교잡이라고 한다. 이 원근은 상대적인 것이나, 어느 조합의 후대에 있어서는 조부모 또는 증조부모를 공통으로 하는 개체 간의 교배를 근연교배, 친자형제간의 교배를 근친 또는 동계교배(同系交配, inbreeding, 형제 간만을 sib-cross), 동일 개체내에서의 교배를 자식(selfing)이라고 한다. 또한, 동계교배는 내혼(內婚)이라고도 한다.

근계, 근군(根系, 根群) root system 작물의 종류, 품종에 따라서 지상부가 여러 가지 고유의 특징을 가지고 있는 것처럼 뿌리도 토양에서 고유의 특징을 갖는다.

쌍자엽 식물이나 나자식물에서는 종자의 배축이 신장해서 형성된 유근이 더욱 발달하게 되면 직근(주근)이 된다. 이 주근으로부터 분기해서 수평방향으로 퍼진 근이 측근이고 여기서 세근이나 섬유근을 분기시킨다. 그러나 외떡잎 식물에서는 주근의 생장이 유근의발달과 함께 정지해서 줄기의 기부로부터 세근이 발생하여 근계를 형성한다. 과수에서는 근계를 근군이라고 부르는데 수관폭과 근계의 퍼짐이 비슷하며, 토양의 물리화학성에 따르면 지표 3m 이하에서도 넓은 범위에 걸쳐 분포한다. 삽목번식을 하는 포도나 무화과 나무는 비교적 얕게 비대근이 지표에 평행으로 넓게 분포한다. 접목번식하는 감나무에서는 직근이 지중으로 깊게 발달하는 근계를 형성하는데 기타 많은 것은 측근을 주로 하는 근계를 형성 한다.

근계의 발달은 토양상태에 따라 달라진다. 토양이 통기성 불량이거나 지하수가 높아 배수불량인 곳에서는 근계의 발달이 억제된다.

꽃가루받이 →수분 수정

꽃눈분화(花芽分化) flower-bud differentiation 꽃의 원기(原基)는 꽃눈이 형성됨으로써 시작된다. 생육 초기 젊은 상태에 있어서는 잎눈만이 형성되지만 어느 정도의 생육기간이 지나면 꽃눈이 생기게 된다. 이것을 꽃눈분화, 또는 꽃눈형성이라 한다. 때로는 최화(催花)라고도 한다. 꽃눈은 형태적으로는 보통 말하는 잎눈과 상동기관이기는 하나 식물체의 내적 · 외적 요인에 의해 잎눈에서 꽃눈으로 전환하게 되는데, 형태적으로나 생화학적으로 상당히 차이가 난다.

잎눈만이 형성되어 있는 개체가 꽃눈으로 전환하는 시기를 꽃눈분화기 또는 최화기라 한다. 꽃눈분화기는 꽃눈을 일반적으로 현미경 관찰을 하여 꽃눈분화의 첫 증상이 나타나는 시기를 말하고 있으나 진정한 분화기는 분화초기 조금 전에 식물체내의 분화조건이 갖추어 져서 화성(花成)물질이 생긴 시기, 즉 생리적 분화기라고 생각된다. 형태적으로 꽃눈분화기 때 조사하는 방법을 직접법이라 하고 적엽(摘葉)이나 환상박피(環狀剝皮) 등 처리를 꽃눈분화기 전후에 실시하여 다음 해 봄의 개화기에 나타나는 꽃눈착생 상태를 조사하여 분화기를 결정하는 방법을 간접법이라 하고 있다.

꽃눈분화를 유도하는 내적 요인은 C/N율로 본 동

화 생산물의 양적 관계와 오옥신이 관계하는 식물생장물질의 작용이 중요시되고 있다. 외적 요인으로서는 광주성(光週性)에 관계하는 광조건과 춘화작용등 온도 작용(溫周性)하는 온도조건이 잘 알려져 있다. 꽃눈분화를 촉진하는 조건으로는 고온, 일조 시간이 많은 것, 건조, 적당한 영양상태, 약전정, 환상박피 등이 있다.

꽃봉오리(花雷) flower bud 꽃이 피기 전의 꽃을 뜻 한다. 식물에 따라 다양한 형태의 꽃봉오리를 가지며 특수한 모양의 꽃받기(花托)나 조직으로 싸여서 보호된다. 겨울을 넘기는 나무류의 꽃눈은 비교적 단단한 조직으로 보호되어 있다. 십자화과 식물은 자가불화합성이지만 꽃봉오리 상태에서는 화합이 이루어져 수술을 제거하고 꽃가루받이를 실시하기도 하는데 이를 뇌수분(蕾授粉)이라 한다.

내한성(耐寒性) cold hardness, cold resistance, cold tolerance 한해, 한풍해

단위생식(單爲生殖) apomixis, parthenogenesis 고등식물에서 암수 양배우체가 정상적으로 접합하여 배발생이 이루어지는 것 외에 생식기관 및 그에 부수된 조직 및 세포가 정상적인 배우자 간의 접합이 없이 접합체 및 그와 유사한 개체를 발생시킨 것을 아포믹시스라고 한다. 단위생식이란 용어는 아포믹시스와 같은 의미로 널리 사용되고 있지만, 좁은 의미로는 난세포에서 배발생이 되는 것을 말한다. 양성생식을 하는 식물이 생식세포의 접합(수정)과정을 거치지 않고 배를 형성하여 무융합생식이라고도 하는 이아포믹시스에는 여러 가지 가 있다.

난세포가 수정하지 않고 자연적으로 배를 형성하는 처녀생식 (parthenogenesis), 배낭에서 난세포 이외의 세포, 즉 반족세포나 조세포 등이 자라서 배가 형성되는 무배생식(apogamy)이 있는데, 둘 다유전적으로 모친과 똑같은 성질을 갖는다. 종자 단위생식에는 배우체 단위생식과 부정아 배발생(adventitious embryony)이 있다.

단일(短日) short-day 낮의 길이가 보통 12시간 이하인 것을 말한다.

대생(對生) 잎줄기에 붙은 잎이 마디마다 두 개씩 마주 붙는 것을 말한다.

도란형(倒卵形) 잎의 생김새를 말하는 것으로써 달걀을 거꾸로 세운 모양의 잎을 말한다.

도피침형(倒披針形) 잎의 모양을 말하는 것으로씨 창끝을 거꾸로 세운 모양의 잎을 말한다.

둔두(鈍頭) 원예용어로써 잎의 끝이 믿믿한 형태를 말한다.

멀칭 mulch, mulching 밭의 표면을 폴리에틸렌 필름이나 벼 · 보리짚 · 풀 등으로 피복하는 것을 말한다.

일반적으로는 비에 의한 토양침식을 방지하여 토양의 증산방지, 잡초발생을 억제하는 효과가 있다. 채소 두둑재배에 비닐 멀칭을 하여 지온을 상승시켜 생육촉진에 도움을 준다든지, 강한 비로 인한 토양의 입자와 병원균의 전염을 막아 주며 또한 복숭아, 사과 등과 같이 과색이 중요한 과수의 경우는 은색의 반사 필름으로 멀칭하여 과수원의 조도를 높여주는 효과 등을 위하여 이용최고 있다. 폴리에틸렌 필름은 보통 0.02㎜정도의 것을 사용한다.

명명법(命名法) (어떤 사물에) 이름을 지어 붙이는 법을 말한다.

무배생식(無胚生殖) apogamy →단위생식

문(門) 생물의 분류학상 단위의 한 가지로써 강(綱)의 위이며 계(界)의 아래이다. 동식물을 합하여 10여개의 문으로 나뉜다. 동물은 phylum, 식물은 division.

미요두(微凹頭) 잎의 생김새를 말하는 것으로써 잎의 끝이 둥그스름하면서 가운데부분이 약간 오목한형태를 말한다.

미스트 번식 mist propagation 유엽지삽(有葉枝揷)인 경우 삽수의 시듦을 방지시켜 발근을 촉진시킬 목적으

로 안개와 같은 가는 입자(mist)의 물을 뿜어주는 방법이다. 녹지삽에서는 삽상의 밝기가 가능한 밝고 습도가 높으며 기온은 지온보다 다소 낮은 상태에서 발근율이 높은데 미스트를 뿜어주면 이 조건을 충족시켜 주어 발근율이 높다.

미스트 장치시에는 수압이 3kg 전후가 되도록 해야 되는데 모터 자동펌프, 스트레나, 압력탱크 등이 필요하고 물이 분사되도록 파이프관과 노즐, 그리고 분무간격을 조절하는 전자엽(電子葉)이나 타이머(timer)가 필요하다. 물입자를 더 곱게 한 경우를 포그(fog)라고 하여 효과를 높일 수 있지만 경비가 그만큼 많이 든다. 삽상은 배수가 좋은 조건을 만들어 주는 것이 중요하고 쓰여지는 물의 수질이 염농도가 낮아야 한다.

미스트 mist → 미스트 번식 · 미스트법

미스트법(法) mist spray 농약살포의 한 방법으로서 분무법은 많은 양의 물로 살포액을 조제하여 단위면적당 살포액량이 많으나 미스트법은 희석배수를 적게 하여 진한 살포액을 미립자(직경 0.035~0.1㎜)로 소량 살포하는 방법이다. 미스트기는 고속으로 회전하는 환풍기를 통하여 송출되는 풍압에 의하여 약액을 분출시키므로 살포액이 미립화된다.

미스트법은 분무법에 비하여 살포액의 농도를 3~5배 높게 하여 살포액량을 1/3~1/5로 줄여 살포할 수 있으며 미립자의 살포액을 목표물에 골고루 부착시킬 수 있으므로 살포시간, 노력, 자재 등을 절약할 수 있어 분무법에 비하여 능률적인 살포방법이라 할 수 있다.

배수성 · 배수체(倍數性 · 倍數體) polyploidy ; polyploid 종 고유의 기본염색체조(set, 게놈 게놈분석)를 정배수로 가지는 경우 이것을 배수성이라고 한다. 그가 가지고 있는 게놈의 수에 따라서 1배성(반수성, x), 2배성($2x$), 3배성($3x$)…으로 부른다. 그리고 구성 게놈이 같으면 동질배수성(autopoly-ploidy), 같지 않으면 이질배수성(allopolyploidy)이라고 한다.

배수성인 개체를 배수체라고 한다. 한 개체내에 있어서도 조직이나 세포간에 배수성의 차이를 나타내는 경우가 있는데 이것을 혼수성 (mixoploidy)이라고 한다.

시금치나 염색체배가 처리를 행한 개체 등에서 관찰되고 있다.

인위적으로 만든 인위 동질배수체는 임성이 낮고 동 일 유전자의 양적증가에 의한 형질의 변이는 있지만 새로운 형질은 나타나지 않는다. 이에 비하여 인위 이질배수체는 임성도 높고 양친에서 온 유전자의 조합에 의한 형질의 변화와 이에 덧붙여 새로운 형질도 나타난다.

백악기(白堊紀) Cretaceous period 지질 시대에 있어 중생대(中生代)의 마지막 시대로서 약 1억4천만년 전부터 7천만 년 전까지의 시대이다. 이 시대는 유공충(有孔蟲) · 파충류 따위가 번성하였으며, 식물은 양치류(羊齒類) · 속씨식물 등이 무성했다. 바다가 몹시 넓은 시대로서 영국 해협 등에서 볼 수 있는 백악은 이 시대에 바다 밑에서 이루어진 것이다. 이 시대의 말기에는 알프스 조산 운동이 일어났다.

변종(變種) 생물 분류학상, 종(種)의 아래에 두는 단위의 하나이다. 같은 종류의 생물로써 약간의 형질이 다르고 지리적으로 다른 분포권을 차지하는 것을 말한다.

복모(伏毛): 원예용어로써 잎이나 줄기에 나 있는 털이 가지런하게 누워 있는 상태를 말한다.

분류법(分類法) classification: 분류방법에는 인위분류와 자연분류가 있다. 인위분류는 작물을 이용하는 측면에서 분류하는 방법으로 원예작물을 크게 과수, 채소, 화훼로 나누는 것도 인위분류의 하나이다. 과수는 낙엽과수와 상록과수로 나누고 낙엽과수는 다시 인과류, 핵과류, 각과류, 소과류 등으로 분류한다. 채소는 일반적으로 엽채류, 과채류, 근채류와 같이 식용 부위에 따라 분류한다. 화훼는 생존 연한에 따라 1,2년생과 다년생으로 분류하고, 1년초는 파종기에 따라 추파종과 춘파종으로 나눈다. 다년생 화훼는 숙근류, 구근류, 화목류 등으로 다시 분류하며 생육 습성을 고려하여 선인장, 다육식물, 난류, 야자류 등으로 분류하기도 한다.

자연분류는 식물의 계통적인 유연관계에 따라 분류하는 것으로서 계통분류라 하기도 한다. 식물의 계통분류는 린네가 최초로 시작하였으며 그가 제안한 이명법(二名法)에 따른 학명은 분류학 발전에 크게 기여하였다. 다윈 이후 진화사상의 도입으로 계통분류학 분야는 더욱 발전했다.

계통분류 방법은 과학의 진보에 따라 새로이 발전되고 있지만 가장 전통적이고 기본적인 방법은 식물의 형태학적 특성을 이용하는 것이다. 즉, 식물의 형태와 구조에 나타나는 다양한 형질 중에서 안정성이 있는 형질을 찾아내 그 형질을 다른 식물과 비교하여 계통발생상으로 어떤 의미가 있는지를 고찰하여 분류하는 것이다.

세포 유전학적 방법은 20세기에 들어와 식물의 염색체 관찰이 가능하게 되면서부터 시작하여 현재까지 활발히 연구되고 있다. 이 방법에 의해 식물의 염색체수와 상농성, 핵형분석 때로는 배수성과 이수성 등이 밝혀짐에 따라 식물의 계통분류에 있어서 없어서는 안될 중요한 역할을 하고 있다. 이와 같이 식물의 세포학적 인 특성에 의해 계통분류하는 것을 세포분류학(cytotaxonomy)이라고 한다.

최근 활발히 연구되고 있는 식물분류분야에 화학분류(chemotaxonomy)와 수량분류학(numerical-taxonomy)이 있다. 화학분류는 식물체 조성물질의 차이와 유사성에 따라 분류하는 방법이다. 그리고 수량분류는 식물의 모든 형질을 수량화(數量化)하여 분류군 간의 유연관계를 밝혀서 분류하는 것으로 최근 컴퓨터의 이용으로 크게 발전하고 있다.

분재 (盆栽) pot culture 화분에 각종 수목을 심어서 특수한 전정 및 비배관리 방법으로 생육을 억제하여 고목의 자태와 자연의 풍경을 이룩해 놓은 것을 말하며 분화와는 다르다. 송백분재, 열매분재, 화목분재, 잡목분재 등이 있다.

불친화성 → 친화성

삭과(蒴果) capsule 식물의 과실은 자방이 발달하여 과육을 형성하는데, 여러 개의 심피가 과실의 성숙과 함께 건조되며 그 후에 선단부가 열리면서 종자를 산포하는 열매를 말한다. 삭과에는 배봉선(背縫線)에 따라 터지는 포배개열(胞背開裂), 심피실 사이의 막에 따라 터지는 포간개열(胞間開裂), 삭과의 끝이나 밑에 구멍이 생기면서 종자가 나오는 포공개열(胞孔開裂)등이 있고, 그 밖에 심피가 옆으로 갈라져 모자모양으로 벗겨지는 횡열삭과(橫裂蒴果, pyxis) 등이 있다. 횡열삭과에는 질경이와 채송화가 있다.

생장조절제 → 생장호르몬

생장(生長)호르몬 growth hormone 생장에 관여하는 호르몬으로서 식물의 경우는 식물생장 호르몬이라고 부르는 경우가 많다. 식물생장 호르몬은 주로 생장을 촉진하는 물질로 옥신 (auxin), 지베렐린 (gibberellin), 사이토카이닌 (cytokinin)과 주로 생장을 억제하는 물질인 아브시스산(abscisic acid), 에틸렌 (ethylene)이 있다.

그러나 후자의 경우도 식물의 종류나 기관 · 조직에 따라서는 생장을 촉진하는 경우도 있으며, 이들의 생리작용도 상호 중복되어 복합적으로 작용하므로 단순하지 않다.

생장호르몬에 대하여 일반적으로 알려진 것은 앞의 5가지이며 그 이외 물질의 경우는 그의 주된 생리작용에 따라서 생장촉진물질이거나 생장억제물질이라고 부르는 경우가 많다.

소화경(小花梗) 큰 꽃자루에서 각각 갈라져 나온 작은 꽃자루를 말한다.

속(屬) genus 생물 분류학상의 한 단위로써 종(種)의 위이며, 과(科)의 아래에 딸린다. 이명법(二名法)에서는 맨 처음에 속명(屬名)을 적는다.

수분 · 수정(受粉 · 受精) pollination ; fertilization 피자식물(被子植物)의 화분이 암술의 주두(柱頭)에, 나자식물(裸子植物)의 화분이 배주(胚珠)의 주공부(珠孔部)에 부착하는 현상을 수분이라고 하고, 수분된 화분이 발아해서, 그 핵이 배낭속의 난핵과 결합하는 것을 수정이라고 한다.

피자식물에서는 주공에 들어간 화분관의 선단이 파괴되어 그 중 한개의 웅핵(웅성핵)은 난세포에 들어가 난핵과 합치고, 다른 웅핵은 극핵(배유핵)과 합친다. 전자는 발육해서 배가 되고, 후자는 분열해서 배유조직을 만든다. 이와 같이 배낭 내의 두 곳에서 수정이 행해지므로 이것을 중복수정이라고 부른다. 나자식물의 경우는 화분립이 주공에서 화분실로 들어가 수개월간 대기한 후에 화분관이 신장해서 배주심(胚珠心)으로 침입하여 경란기(頸卵器)에 도달해 경세포(頸細胞)의 사이에서 중앙세포로 들어가 수정이 이루어진다.

수술 stamen →웅예, 수술

식별(識別) dentification 분별하여 알아보는 것을 말한다.

아린(芽鱗) bud scale 일반적으로 목본식물은 신초 신장이 정지되는 동시에 그 선단 또는 엽액에 화아 또는 엽아가 착생된다. 그 눈의 내부에 화원기 또는 엽원기가 형성되어 그것들을 감싸고 있는 수십 개의 인편이 보통 형성된다. 그 눈의 인편을 아린이라 부른다.

아포믹시스 apomixis →단위생식

암술 pistil →자예, 암술

연모(緣毛) 원예용어로써 잎의 가장자리에 나 있는 털을 말한다.

엽맥(葉脈) vein, nerve, rib 엽신내의 유관속을 말한다.

잎의 형태를 유지하는 골격작용과 더불어 양수분과 동화물질의 통로가 된다. 엽맥은 배열모양에 따라 망상맥 · 평팽맥 · 차상맥 등으로 나눈다. 망상맥은 쌍자엽식물에서, 평행맥은 단자엽식물에서 흔히 볼 수 있으며 차상맥은 은행나무와 양치식물류에서 관찰할 수 있다. 망상맥에서 가장 중앙맥을 주맥(主脈)이라고 하며, 주맥에서 분지한 맥을 측맥(側脈), 또 측맥에서 분지한 맥을 세맥 (細脈)이라 한다.

엽병(葉柄) petiole, leaf stalk 잎은 엽신 · 엽병 · 탁엽으로 구성되어 있는데 엽신과 줄기 사이에 위치한 가는 자루 모양의 부위를 엽병이라 한다. 흔히 잎자루라고도 하며, 엽신을 지지하고 양수분과 동화물질의 통로가 된다. 식물에 따라서는 엽병이 없는 무병엽도 있다.

엽신(葉身) leaf blade, lamina 엽편(葉片)이라고도 부른다. 잎의 주요 구성부분으로서 엽피와 엽육과 엽맥으로 구성되며 보통은 편평하나 배복성(背腹性)을 나타내며 표면은 녹색이 짙고 이면은 색이 엷다. 원주상(圓柱狀)의 양면 구분이 없는 단면성의 것도 있다.

엽록체가 풍부하고 광합성을 영위한다. 1매의 엽신으로부터 구성되어 있는 것을 단엽(單葉), 2매 이상 소엽으로 구성되어 있는 것을 복엽(複葉)이라고 한다.

엽액(葉腋) leaf axil 잎의 향축측(向軸側)의 기부, 축지의 원시체, 즉 측아의 대부분은 엽액의 줄기 부분에 형성되며 이것을 액아라 한다.

완충능(緩衝能) buffer action, buffer capacity 어떤 용액에 산이나 알칼리를 첨가하면 pH가 변한다. 이때 증류수의 pH 변화보다 그 변화범위가 작으면 그 용액은 완충성이 있다고 하며 그 완충성의 크기를 완충능이라고 한다. 완충능이 큰 토양은 산성이나 알칼리성으로 쉽게 변하지 않으므로 안전영농을 할 수 있다.

완충력(緩衝力) →완충능

왜화제(矮化劑) growth retardant 1949년 Amo 1618이 발표된 이후 많은 왜화제가 합성됨으로써 분재 재배에 많이 이용되어 왔다. 왜화제는 생장억제작용외에 지베렐린과의 길항작용, 엽색의 농록화, 화색의 변화, 발근촉진, 화아분화 촉진, 내한성 및 내건성 증진 등의 작용을 갖고 있다.

웅예(雄蕊), 수술 stamen 화관의 안쪽에 윤생하며 가늘고 긴 자루 모양(柄狀)의 화사(pilament)와 그 화사 끝에 꽃가루가 든 약으로 이루어진 웅성의 생식기관이다. 수술은 보통 같은 모양, 같은 크기로 나누어져 화상에 착생(이생수술)하지만 하나의 꽃에 있는 수술이 모두 합착된 단체수술, 몇개의 다발로 합착된 2체·3체 수술 등이 있다. 이러한 것들을 합성수술이라고 한다. 약 부분에 접착된 것은 집약수술이라고 하는데 한 꽃 안에 수술의 길이가 다른 것도 있다. 화사가 화변상으로 되고 약이 기능을 잃은 것은 가(불완전)수술이라고 한다.

원저(圓底) 원예용어로써 잎의 밑쪽이 둥그스름한 것을 말한다.

원두(圓頭) 잎의 생김새를 말하는 것으로써 잎의 끝이 둥그스름한 것을 말한다.

원예품종(園藝品種) garden cultivar, garden variety 선발·교잡 등을 통해 개량된 원예작물의 품종을 말하며 자생식물의 변종·이종들 중에서 원예적 가치가 있으면 그대로 원예품종으로 간주하는 경우도 있다. 일반 농작물에서는 다소의 형질변이가 있어도 동일 품종·계통으로 보여지는 경우가 있으나, 원예작물 특히 화훼류에 있어서는 화색·화형·엽형 등에서 적은 변이가 생겨 그것이 유용하다면 품종으로 성립된다. 또 같은 종류에서도 자생식물로부터 종속 간 잡종에 이르기까지 복잡다양한 품종이 성립되는 경우가 많다. 예컨대 장미는 재배역사가 오래되어 그 품종수가 1만 수천에 이르고 있으며 모두 다 원예품종으로 취급되고 있다.

유연관계(類緣關係) 계통 발생상(系統發生上), 생물이 상호간에 형상·성질 등에 어느 정도 가까운 연고(緣故)가 있는 관계를 말한다.

유별(類別) Classification 종류에 따라 나누어 구별하는 것을 말한다.

육묘(育苗) raising (of) seedling, growing seedling 종자나 영양체를 파종 또는 기타 방법에 의하여 일정 기간 동안 정식하기에 가장 적합한 양질의 묘를 키우는 제반 작업과정을 말한다. 대부분의 작물들은 이 기간 동안에 영양생장(營養生長)과 생식생장(生殖生長)이 동시에 진행되기 때문에 재배하는 수확물의 대상과 목적에 따라 이들의 생장을 환경조절에 의해 균형적으로 발달시켜야만 소기의 목적을 달성시킬 수 있으므로 육묘재배기술(育苗栽培技術)을 인위적인 재배기술이라고 현대농업에서는 규정하고 있다.

이식(移植) transplanting 파종부터 수확까지에서 작물을 옮겨심는 것을 이식이라 한다. 또 마지막에 심는 장소, 즉 본포장으로의 이식을 정식이라 하며 정식이전의 이식은 가식이라고 한다. 이식은 분·포트 등에서도 이루어지며, 직파에 비해 다음과 같은 특징이 있다. 본포장까지의 재배기간을 단축함으로써 재배회수를 늘릴 수 있고 수확기의 조절 및 경영의 집약화가 가능하다는 장점이 있다. 그러나 묘상만들기·묘관리·이식 등에 많은 노력을 투입해야 하고 작업의 생력화와 기계화가 곤란하다는 단점이 있다.

인모(鱗毛) 식물의 줄기나 잎 따위의 겉면을 덮어 이를 보호하는 잔털의 한 가지로써 많은 세포로 되어 있으며 방패 모양·비늘 모양을 이룬다.

인편(鱗片)·이편엽(鱗片葉) 자연변태로 비늘같이 된 잎으로써 겨울눈을 싸서 보호한다. 인경을 만드는 비후변형(肥厚變形)한 다육의 잎으로 된 것을 인엽이 라고 한다. 본엽 기부의 엽초(葉稍)에 해당하는 부분이 비후하여 인편엽으로 되는 경우와 엽신이 발달하지 않고 엽상부만이 비대해서 인편엽으로 되는 경우가 있다. 아마릴리스가 전자, 백합이나 튜울립은 후자의 예이고, 수선·구근 아이리스 등은 양쪽의 인편엽을 모두 갖는다. 전년에 형성된 인편을 구인편, 당년에 형성된 인편을 신인편으로 구별하는 경우가 있다. 또한 인편 · 인편엽이라는 말은 싹이나 꽃봉오리를 싸고 있는 편평한 잎 중에서 비교적 적은 것에 대해서도 사용한다.

임성 · 불임성 (稔性 · 不稔性) fertility ; sterility 식물이 개화하였을 때 수정능력이 있는 암술과 수술은 임성이 있다고 하겠지만 때로는 암술이나 수술 이상으로 수분능력을 갖지 못하는 것이 있다. 이것을 불임성이라고 부른다. 환경(고온 또는 저온)에 의한 불임성도 있지만 특히, 유전적인 불임성은 육종에 잘 이용되고 있다. 즉, 유전적으로 화분을 생성하지 못하는 웅성불임개체와 임성을 갖고 있는 개체를 서로 가깝게 재식 하면 웅성블임개체에 교잡종자(F1종자)가 얻어진다. 이것이 웅성불임성을 이용한 F1품종 육성 방법이다.

엽저(葉底) 원예용어로써 잎의 시작되는 부분, 즉 잎의 밑쪽을 일컫는다.

엽연(葉緣) 잎의 가장자리를 말한다.

예두(銳頭) 원예용어로써 잎의 끝이 날카롭게 빠진 것을 말한다.

예저(銳底) 원예용어로써 잎의 시작되는 부분이 날카롭게 빠진 것을 말한다.

자가수정(自家受精) →수분 · 수정

자방(子房) ovary 피자식물의 자성 생식세포를 분화하는 부분이 암술 기부에 있다. 1내지 수 개의 심실(carpel)이 융합한 대상(袋狀)의 기관 자방벽(ovary wall), 심피(carpel), 태좌(placenta), 배주(ovule)로 구성된다. 자방은 수정 후 발달하여 과실이 되며 배주는 종자로 된다. 또한 자방은 악 및 화관에 대한 위치에 따라서 자방 상위(superior ovary), 자방 중위(half inferior ovary),자방 하위 (inferior ovary)의 3개로 나눈다. 자방 하위의 꽃은 상위의 꽃보다 진화정도가 진전된 것으로 생각되고 있다.

자생종(自生種) 인위적이 아닌 저절로 나서 자라는 식물종을 말한다.

자예(雌蕊), 암술 pistil 종자식물 꽃의 중심에 위치하는 자성 생식기관은 식물에 따라 하나의 꽃에 하나 또는 몇 개가 있으며, 자방(子房, ovary), 주두(柱頭, stigma), 화주(花柱, style)의 3부분으로 되어 있다. 자방은 자예 기부의 팽창된 부분으로, 그 속에 종자가 되는 배주(胚珠, ovule)가 들어 있다. 주두는 자예의 최상단에 있어 화분이 부착되는 장소로 어떤 것은 융모가 있고, 어떤 것은 점액이 분비되어 수분에 적당한 구조로 되어 있다. 화주는 주두와 자방을 잇는 부분으로 대체로 긴 모양을 하고 있다. 자예를 구성 하고 있는 꽃잎을 특히 심피(心皮, carpel)라고 부르는데, 1개의 자예를 구성하는 심피의 수는 완두 1매, 배추 2매, 백합 3매 등 각각 일정하다. 원예작물 중에는 자방내 기관의 불완전, 단화주(短花株), 만곡화주(彎曲花株) 등 수분수정에 부적합해서 자성불임의 한 원인이 되는 불완전 자예를 가지는 것도 많다.

장일(長日) long-day 낮의 길이, 즉 일장이 12~14시간 이상, 보통 14시간 이상인 것을 말한다.

저온요구도 →저온요구량

저온요구량(低溫要求量) low temperature requirement, chilling requirement 개화하기 위하여 저온기간을 거쳐야 하는, 즉 저온요구성을 갖는 식물이 정상적으로 개화하는 데 필요한 저온의 정도는 식물 또는 품종의 유전적 성질에 따라 다르다. 이것을 저온요구량이라고 한다. 밀의 저온요구량은 추파성 정도와 평행하므로 이 추파성 정도의 크기만큼 저온요구량이 크다.

원예작물 촉성재배 또는 채종재배에 있어서는 품종에 따라 저온요구량의 차이를 정확하게 파악하는 것이 대단히 중요하다. 일반재배에 있어서도 불시추대를 예방하기 위하여 주요 품종의 저온요구량을 알고 재배지의 기상조건에 적합한 품종을 선택하도록 할 필요가 있다.

적심(摘心) pinching, topping, stopping 생육중의 줄기나 가지들의 끝을 따버림으로써 남아 있는 부분의 영양상태를 증진시키는 것을 말한다. 국화나 카네이션은 여러 개의 곁가지를 발생시켜 절화의 수량을 증대시키는 동시에 개화목표일을 조정할 수 있다. 토마토나 포도는 적심과 곁가지 제거로 개화결실률을 높이고 조기수량 및 전 수량을 높이고 과실비대를 돕는다. 또한 정아를 제거하면 정아우세(頂芽優勢)가 없어져서 측아 발생 및 신장을 촉진시키기도 한다. 아들덩굴이나 손자덩굴에 착과하는 오이과작물에서는 결과기를 앞당기고 과수나 분재는 측지 발생으로 수형을 갖출 수도 있다. 화훼에서는 적심노력 절감을 위해서 decanoate ester 2%액이나 palmitic acid 0.5%액을 엽면살포하기도 한다.

전연(全緣) 잎의 가장자리의 생긴 모양의 하나로써 잎의 가장자리에 톱니가 없고 미끈한 것을 말한다. 감나무의 잎 같은 것이다.

전정(剪定) pruning 결가지, 결과모지 및 열매가지 등과 같이 직접 과실의 생산에 관계되는 가지를 잘라주는 것을 말한다. 실제작업에 있어서는 정지와 전정을 엄밀하게 구분하지 않고 사용되고 있으며, 넓은 의미에 있어서는 정지와 전정을 총괄하여 전정이라고 한다.

절(節 ; section) 몇 품종이 모여 한 무리를 이루었을 경우의 그 한 품종을 말한다.

접목(接木) grafting 증식을 목적으로 하는 식물체 일부인 접수를 잘라 타식물체인 대목에 접착시켜 독립된 하나의 식물체로 양성하는 영양번식의 한 방법이다. 접목식물은 영양적으로 보면 대목의 뿌리로부터 양수분을 흡수하여 접수에 전달해 주고 접수는 동화양분을 대목에 운송해 주어 대목과 접수는 공생관계를 가진다. 과수류 번식은 거의 이 방법에 의하고 일부 화목류 · 정원수와 과채류 등에서 행한다.

접목번식의 특색으로는 품종의 특성을 유지시키면서도 실생묘에 비하여 개화 및 결실이 촉진되고 삽목이 어려운 식물도 용이하게 번식되는 등의 장점이 있다. 대목의 종류에 따라서는 수세의 조절, 환경적응성의 촉진, 병충해 피해의 회피, 과실품질 및 결실률의 향상, 품종갱신을 할 수 있는 등 좋은점이 많다.

접목의 종류에는 사용하는 기관에 따라 지접(枝接, 가지접)과 아접(芽接, 눈접) 및 근접(根接, 뿌리접)으로 나누고 접목방법으로 지접으로는 절접 (切接), 할접(割接, 설접(舌接), 합접(合接) 등이 있고 아접으로는 T아접, 삭아접 등이 있다. 기타 접목방법에 따라서는 호접(呼接, approach grafting), 녹지접(綠枝接, soft wood grafting), 복접(腹接, side grafting), 고접(高接, top graft)등이 있다.

정아 · 액아(頂芽 · 腋芽) apical bud, terminal bud ; lateral bud 보통식물은 일정한 생장환을 반복하면서 연속적으로 생육하고 1년생 풀은 1년환으로, 다년생풀은 복수회(復數回)의 생장환을 볼 수 있다. 이와 같은 식물들은 생장환이 시작할 때 눈을 형성한다. 이때 가지의 선단에 생기는 눈을 정아라고 하며 정아보다 아래쪽에 생기는 눈을 액아라고 한다. 식물은 식물호르몬, 특히 오옥신의 움직임이 정아를 먼저 생장시키므로 정우세가 형성되는 것이다.

정지(整枝) training 과수의 경제재배에 있어서 과수원 토지의 일정 공간 내에 매년 계속해서 과실을 효율적으로 생산하기 위하여는 영양생장과 생식생장의 균형을 유지해야 한다. 이 균형을 유지하는 방법으로서 나무 본래의 수고(樹高)보다도 낮게 하고 종류에 따른 수형 및 수자를 만들어 가는 것이 정지이다. 그런데 방치되어 있는 반면 과실을 지상에 서서 손으로 수확하는 방법, 사다리를 이용하여 수확하는 방법 등이 있으나 많은 수종에 있어서 6㎝ 정도가 한계이며 수확 재배관리 등을 고려 할 때 수고는 낮을수록 좋다.

제웅(除雄) castration, emasculation 인공교배를 행할 때 자체의 화분에 의한 수정을 피 하기 위 하여 약(葯: 꽃밥)을 제거해 두는 것을 제웅이라고 한다. 보통 개화전날에 열개하지 않은 약을 꽃가루가 날리지 않도록 핀셋으로 꽃봉오리로부터 따낸다.

족(族) tribus 한 조상에서 갈라져 나온 같은 혈통의 무리를 뜻하는 말이다.

종(種) species 생물 분류의 가장 기초가 되는 단위이다. 비슷한 종이 모여서 속(屬)을 이루고, 또 종의 상이(相異)에 의하여, 아종(亞種)·변종(變種)·품종(品種) 등으로 나눈다.

종자식물(種子植物) 종자로 번식 하는 식물, 꽃식물(현화식물)

주두(柱頭) stigma →화주

주맥(主脈) →엽맥

중륵(中肋) →주맥

지베렐린 gibberellin, GA 벼에 기생하는 키다리병의 묘로부터 추출분리한 물질로서 일본의 藪田 (Shikida)에 의해 명명되어 1938년에 지베렐린 A 및 B가 보고되었는데, 벼의 도장을 일으키는 본체가 지베렐린 B라는 것이 명확하게 밝혀져 후에 지베렐린 B를 A, A를 B로 정정한 바 있으며, 현재는 고등식물의 대부분의 조직에 존재하는 것이 확인되어 있다.

GA는 천연에 존재 하는 물질로서 gibbane환을 가지고 그 물리화학적 성질이 명확한 것에 대하여 부여된 명칭으로서, 분리된 순으로 A부터 번호가 부여되어 있다.

1981년 현재 그 수는 71종에 달하고 있으며, 유기용매로 추출된 GA를 유리형 (遊離型) GA, 잔여 수용성분획에 산을 가하여 유리한 수용성 GA를 복합형 GA (결합형 GA)라고 한다.

차광재배(遮光栽培) shade culture : 내용이 약간 다른 두 가지 의미로 표현할 수 있는데, 보통은 국화·포인세티아 등의 단일식물에 대하여 장일기에 차광막으로 차광하여 단일조건을 주어 개화를 촉진하는 촉성재배를 말한다. 차광시기와 기간은 작물의 종류나 품종에 따라 결정한다. 차광막의 개폐는 자동장치로 해주며, 장일에서는 고온을 동반하기 때문에 야간에는 열어주어 온도의 상승을 막아준다. 이와는 별도로 강광하(强光下)에서는 생육이 약해 품질을 저하시키는 아이스리·양치류 등은 한랭사나 다른 차광재료로 주광량을 저하시켜 재배하는 경우가 있는데 이것도 차광재배 라고 한다.

차광처리(遮光處理) →차광재배

천근성(淺根性) shallow-rooted →근계, 근군

첨두(尖頭) 잎의 형태를 말하는 것으로써 잎의 끝이 뾰족하게 빠진 상태를 말한다.

총상화서(總狀花序) raceme →화서

총생(叢生) 잎이 나는 상태를 말하는 것으로써 한 곳에 더부룩하게 무더기로 나는 잎들을 말한다.

취목(取木), 휘묻이 layering 모주(母株)로부터 가지를 절단하지 않고 흙속 또는 공중에서 부정근을 발생시켜 발근한 가지를 분리시켜 한 개체를 얻는 영양번식을 일종으로 다음과 같은 방법이 있다.

[압조법,壓條法 : bowed branch layering]

모주로부터 발생된 1, 2년생 가지를 유인하여 복토해서 발근시키는 방법으로 가지를 유인하는 방법에 따라 선취법, 파상취법 등으로 나눈다.

[성토법, 盛土法 : mound layering]

모주 지제부를 흙으로 묻어 새싹을 발생·발근시켜 한 개체로 분리시키는 방법이다.

[고취법 , 高取法 : air layering]

모주의 가지를 환상박피하여 습한 바위옷(수태)을 싸서 비닐로 싸놓고 마르지 않도록 물을 보충해 주면 발근된다. 발근 후에는 분리하여 한 개체로 심게 된다. 고무나무 등의 관엽식물과 분재묘 양성에 주로 쓰인다.

친화성(親和性) affinity 병원체가 기주식물에 정착하여 양자 사이에 기생관계가 성립할 경우 병원체와 기주 사이에는 친화성이 있어야 된다. 친화성이란 말의 내용은 극히 막연한 것으로 앞으로 기주와 병원체 사이에 상호관계가 좀더 구명되어야 한다. 친화권의 범위는 병원체와 감수성 식물체와의 관계에 따라 다르며, 수십 종의 식물에 걸쳐 침입하는 경우에는 다범성, 불과 몇 품종에만 그치는 경우에는 단범성이라 한다.

종(種)이 다르면 대개는 접목이 잘 안되지만 잘되는 것도 있다. 전자의 경우는 친화성이 없다 하고 후자의 경우는 친화성이 있다고 한다. 동일 종내에서도 품종에 따라서 접목의 난이도가 다른 경우가 있다.

키메라 chimera 키메라는 그리스 신화에 나오는 사자머리, 양의 몸통, 뱀 꼬리를 가진 괴물이다. 생물학에서는 동일개체내에서 유전자형이 다른 조직이 혼재할 경우를 말하는데, 체세포적 교차(somatic crossing over), 비정상적 무사분열(irregular mitosis), 접목 및 돌연변이에 의해 생긴다.

고전적인 예를 들면, 황색 등나무(*Wisteria floribundo*, Rehd. et Wils.)에 적색 에니시다(*Cytisus Scoparius* var *andreanus* Dipp.)를 접목하였을 때 생긴 아담에나시다(*Cytisus adami*)가 있다. 윙클러(Winkler)는 토마토와 까마중의 접목키메라를 만들어 내었다. 사티나(*Satina*) 등은 콜히친 처리에 의해 배수성이 다른 세포 키메라(cytochimera)를 만들었다.

고등식물의 생장분열조직은 일반적으로 3층의 기원층<germ layer, 조직분화층(histogenic layer)>으로부터 생기는데 유전적으로 다른 양조직의 혼재 양식에 의해 구분키메라(sectorian chimera), 그리고 주연키메라(periclinal chimera), 주연구분키메라(mericlinal chimera)가 생기게 된다.

타가수정(他家受精) →수분 · 수정

타원상 피침형(楕圓狀披針形) 잎의 모양을 말하는 것으로써 타원형 형태의 바소-송기 등 곪은 데틀 째는 침-와 같은 모양을 말한다.

pH(산도) potential of hydrogen pH는 용액 중에 함유된 수소이온(H^+)의 농도를 나타내는 기호로서 소문자 p와 대문자 H로 표시하며 수소이온 농도의 음의 대수치 값을 갖는다. 즉 pH=-1og[H^+]=1og[$^1H^+$] [H^+]는 용액 중의 H^+의 농도(g/ℓ). 수소이온의 양은 아주 적기 때문에 상기와 같이 수소이온의 1ℓ 중의 gram수의 역수의 대수로 나타내고 이것을 pH라고 부른다.

순수나 중성의 용액에는 수소이온의 농도[H^+]와 수산이온의 농도[OH^-]가 어느 것이나 10-7g/ 이 된다. 그러므로 pH는 7이 된다. pH치가 7보다 작으면 산성이라 하고 그 값이 작아질수록 산성이 강해진다. 반면에 pH가 7보다 크면 알칼리성이라 하고 그 값이 커질수록 알칼리성이 강하게 된다. 토양 PH는 토양산성의 강도를 나타내며 통상 유리전극법인 pH-미터(meter)로서 측정한다. 건토와 용액의 비율을 일정하게 섞어서 pH를 측정하는데 우리 나라의 농업기술연구소에서는 보통 건토 : 증류수 = 1:5로 하여 활성도를 측정하고 건토 :KCl용액 (1N) = 1:2.5로 하여 치환산도를 측정 한다.

측정 한 pH를 표시 할 때에 pH(H_2O)와 pH(KCl)로 구별하여 병기하며 건토와 용액의 비율이 달라지면 토양 pH가 조금씩 변한다.

포자식물(胞子植物) 포자에 의하여 번식하는 식물로써 양치류(洋歯類) · 선태류(蘚苔類) · 조류(藻類) · 균류(菌類)를 통틀어 일컫는다. 홀씨식물.

포자 · 포자낭(胞子 · 胞子囊) spore ; sporangium 균류가 일반적으로 형성하는 번식기관의 기본단위를 말한다. 일반적으로 번식기관으로서 역할을 하는 것으로, 균사 위에 또는 포자주머니(포자낭) 안에 형성된다. 형태는 균종류에 따라 특징이 있다. 다세포, 무색 또는 유색이며 모양은 대부분이 구형 · 난형 · 타원형 · 방추형 혹은 곤봉형 등이 있으나 실 모양과 나

선형도 있다. 보통 포자는 영양기관으로부터 이탈하기 쉽고 분산성과 내구성에 적응하는 매우 다양한 형태를 구비 하고 있다. 포자에는 무성 포자와 유성 포자가 있으며 무성포자 시대를 불완전세대, 유성포자시대를 완전세대 라고 한다.

유성포자는 균류의 분류기준이 되는 중요한 것으로 유성생식의 방식에 따라 각각 다르고 접합균류에서는 접합포자, 편모균류에서는 난포자, 자낭균류에서는 자낭포자, 담자균류에서는 담자포자를 형성한다. 균사체가 생장하면 그의 일부에 번식기관으로서의 무성포자를 형성하는데, 극히 작고 엷은 막을 가지며 다수 집합되면 가루모양 또는 가루덩어리를 나타내 눈으로 볼 수 있다.

무성포자의 전형은 분생자(분생포자)이고 여기에는 모양 · 크기 · 세포수 · 색깔 등 종류별로 천차만별이다.

포자는 자주 환경이 부적당하면 후막포자를 형성해서 내구화하고 한편 세포벽이 없는 유주자 등은 외계의 환경저항에 약해서 수명이 짧다. 또 포자는 각균의 생활사 중에 병을 전염하고 만연에 깊이 관계하고 있다.

품종(品種) cultivar, cv, variety 동일한 재배종에 속하지만 형태적 · 생태적으로 실용형질에 있어서 다른 개체군(집단)과 명확하게 구별되고 또한 동일 군내에서도 서로 구별이 곤란한 개체군이 형성될 수 있는데 이러한 개체군을 품종이라고 한다. 품종은 식물분류학상의 단위라고 하기보다는 농업생산상의 개념으로서 고정품종이 있고 1대 잡종도 F_1품종이라 부르고 있다.

품종은 농업상의 개념으로서 인간이 그의 긴 역사 중에서 유용한 것을 선별하여 재배하는 가운데 형성된 것이다. 비슷한 재배조건에서 품종은 유전적으로 안정된 평행상태에 있게 된다. 그러나 타식성 작물에 있어서는 동일 품종일지라도 상당수의 다른 유전자를 가진 개체가 모여 있는 것이므로 유전적 변이가 나타날 가능성이 있다. 그러므로 재배조건이 달라지든가 인위적으로 어떤 일정한 방향으로 선발을 계속하든가 하면 품종이 가진 유전적 특성이 그에 따라 변하게 된다.

동일 기원인 지 방품종이나 육성품종으로부터 새롭거나 다른 지역적 계통 또는 선발계통이 분화되고 이로부터 곧바로 새로운 품종이 성립되는 것은 이 때문이다.

품종은 전술한 바와 같이 인간이 이용하기 위하여 오랜 기간 동안 재배하여 오는 가운데 성립된 것이다. 이들을 가지고 적극적으로 어떤 목적에 알맞는 형질의 신품종을 만들어내는 것이 육종인 것이다.

학명(學名) scientific name 동 · 식물을 학술적으로 표시할 때 사용되는 용어로 세계적으로 공통되게 쓰고 있다.

학명을 쓸 때에는 속명 (屬名 : generic name)을 먼저 쓰고 종명 (種名 : species name)과 명명자(命名者) 순으로 쓰고 있다. 예를 들면 벼의 일반 재배종의 경우 오리자 사티바 린네 (*Oryza sativa Linne*)라고 표시 하는데 오리자(Oryza)는 속명이고 사티바(sativa)는 종명이며 린네(Linne)는 명명자이다. 일반적으로 명명자는 약자로 표시하여 쓰고 있다(예 : *Oryza sativa L*).

학명은 세계 공통적이지만 작물은 종류에 따라서 언어별로 여러 가지 보통명(普通名 : popular name)을 가지고 있는데 벼(rice), 밀(wheat)등이 보통명이다. 보통명은 반드시 종과 일치하는 것은 아니다.

한해 · 한풍해(寒害 · 寒風害) cold injury ; cold wind damage 가을부터 봄까지 이상 온도저하에 의해서 받는 피해를 한해라 한다. 한해의 피해형태는 작물체 및 토양의 동결에 기인하여 일어나는 것이 많다. 한해를 구분하면 아래 와 같다.

동기 휴면상태에 이상저온의 피해를 일반적으로 한해라 부르는 경우가 많다. 한풍해는 상해(서리의

해)와 구분한다. 작물체가 저온조건에 들어가면 세포의 동결이 시작되어 차출 세포내 동결로 이어진다. 세포 내 동결은 원형질의 내용물과 구조를 크게 변화시켜 세포를 죽게 한다. 세포의 동결은 얼음조각의 압력으로 세포 내용물을 응고시키고 세포막과 원형질막의 응해시 물의 투과성 차이로 피해를 받게 된다. 내한성은 작물의 영양상태, 생육단계 하드닝과 디하드닝의 정도에 따라 크게 다르며 또한 작물의 종류 및 품종, 기관별 차이에 따라서도 다르다.

한해 및 한풍해 방제법은 기상적 방제법과 재배적 방제법이 있는데 기상적 방제법의 대표적인 방제법은 피복법이 있으며 섬피, 한랭사 등 각종 신피복재를 이용하면 된다. 재배적인 방제법은 품종의 선택, 수세강화, 배수대책, 시비개선, 내한성 대목 이용, 약제 살포, 전정에 의한 착과조절 및 수체관리 등을 실시하는 것이다.

합판화 · 이판화(合瓣花 · 離瓣花) gamopetalous flower; schizopetalous flower 화판이 서로 융합 유착하여 하나의 꽃으로 되어 있는 것을 합판화(철쭉, 도라지 등)라 하고 벚꽃 및 패랭이꽃처럼 화판이 유착하지 않고 하나씩 독립적인 것을 이판화라 한다. 이판 가운데 동백 및 서향 등은 합판화처럼 보이지만 이들은 화판이 유착된 것이 아니라 악이 유합된 것이다.

호생(互生) 잎줄기에 붙은 잎이 서로 어긋나게 된 것을 말한다.

화관(花冠) corolla 꽃잎 전부를 칭하는 말로서 꽃부리라고도 한다. 개개의 꽃잎은 화판이라고 한다. 화관에는 개개의 꽃잎이 하나로 유합되어 있는 합판화(合瓣花)와 분리되어 있는 이판화(離瓣花)가 있다.

화뢰(花蕾) →꽃봉오리

화분(花粉) pollen : 화분은 종자식물의 웅성 배우체이다. 피자식물에서 화분모세포는 환원분열을 하여 4개 소포자(花粉四分子)로 되고, 소포자는 성숙하여 화분립으로 된다. 이 기간동안 발아공을 가진 외막과 내막이 생기고 화분립내에서 핵분열이 일어나서 화분관핵과 생식핵(웅원핵)이 분화된다. 이 분열은 불균등분열로써 극성이 있는데, 방추체가 한쪽 끝은 가늘어지고 다른 한쪽 끝은 굵어지는 경향이 있으며, 가늘어진 끝쪽에는 화분관핵이, 굵어진 한쪽 끝에는 생식핵이 생긴다. 두 핵 사이 경계 부위는 굵은 끝쪽에 치우쳐져 있으며 생식핵은 극히 얇은 세포질 층으로 둘러싸여 생식세포를 형성하고 있다. 화분립 속에는 생식세포가 1개 생기는데 그치고, 화분관에 이행된 후에 분열하는 2핵성 화분과, 화분립내에서 미리 분열되어 2개가 되는 3핵성 화분이 있으며 후자는 화분관에서는 분열하지 않는다. 원시적인 종은 2핵성인 것이 많으므로 3핵성의 것이 진화형이라고 추측할 수 있다.

화분은 수분되면 주두상에서 발아하여 화분관을 내고, 화주조직에 침입하여 배낭에 도달한 후 그곳에서 수정이 이루어진다. 화분은 화분 호르몬을 내어 화주 및 자방을 자극하고 또 화주 및 자방은 연쇄적인 자극을 화분에 주어 호르몬 분비를 증가시켜 배와 배유의 생장을 유도하는 역할이 있는 것으로 추측된다.

화분의 수명은 종류에 따라 다르나, 저장온도 및 습도에 따라 상당한 차이를 보이고 있다. 일반적으로 생화분을 고온하에 두면 단명해지나, 건조한 화분을 저온 조건하에서 저장하면 수명이 길어지게 된다.

화색(花色) flower color 넓은 의미로서는 꽃잎이 나타내는 색이고 화서(꽃차례)의 전체나 일부도 포함되는 경우가 있다. 일반적으로는 좁은 의미에서 꽃잎으로 나타난 부분의 색에 국한한다. 여기에 관계하는 색소는 카로티노이드 또는 플라보노이드의 어느 쪽인가에 속하는 일이 많다.

화서(花序) inflorescence 화축에 꽃(小花)이 배열되어 있는 상태를 화서라고 한다. 화서는 분지법에 따라서 단축화지를 기본으로 하는 총수화서 (總穗花序)와 가축분지(假軸分枝)에 의한 집산화서(集散花序)로 구별하거나, 소화의 개화순서가 구심성(밑에서 위로 차례로 개화하는 것)인 무한화서와 원심성(정부의 소화부터 개화하는 것)인 유한화서로 구별하는 경우가 있다. 화서 주축의 장단, 화판의 유무, 주축과 화병과의 상대비에 따라서 약간의 기본형이 있다. 화서(花序)에는 수상화서(穗狀花序) 총상화서(總狀花序) 산방화서(散房花序) 두상화서(頭狀花序) 산형화서(散形花序) 이외에 변형의 소수(小穗), 육수화서(肉穗花序), 미상화서(尾狀花序)가 있다. 집산화서(集散花序)에는 엽서의 분지수에 의해서 기본형으로 다산화서(多散花序), 지산화서(枝散花序) 단산화서(單散花序)가 있고 변형으로 항아리형(壺狀)화서, 은두화서(隱頭花序), 윤산화서(輪散花序), 단산화서(團散花序)가 있다. 단산화서(單散花序)에는 분지의 입체적 방향에 의해서 권산(券散), 호산(互散), 선상(扇狀), 겸상(謙狀)을 만든다.

화서는 내생식물호르몬의 밸런스(balance) 및 외부에서 공여되는 화학물질의 조절에 의해서 변형되어 전형적인 화서를 형성하지 않을 수도 있다(만성식물(蔓性植物)은 왜 화제처 리에 의해서 호산화서형으로 되기도 한다).

즉 화서의 분류에서는 중간형이나 변형도 있으므로 확정하기가 어려울 때가 많고 같은 식물내에서도 복수의 화서를 나타내는 등 형태형성에 있어서 불확실할 때가 많다.

화주(花柱) style : 피자식물의 암술은 자방 · 화주 · 주두의 세 부분으로 되어 있는데 자방과 주두 사이의 부분을 화주(암술대)라고 한다. 보통은 원주 모양이며, 심피 원기의 선단부위로서 암술이 생장함에 따라 같이 발달한다. 이생심피(離生心皮)암술에서는 심피들이 발달하여 여러 개의 화주가 되며 합생심피(合生心皮) 암술에서는 심피들이 융합되어 하나의 화주로 발달한다.

차나무과(동백나무 등)와 가지과 식물은 심피의 기부만이 융합하고 화주는 분리되기도 한다.

앵초와 같은 식물에는 이형예화가 있는데 긴 수술과 짧은 화주의 암술을 지닌 단주화(短柱花)와 짧은 수술과 긴 화주의 암술을 지닌 장주화(長柱花)의 두 가지형의 꽃이 있다. 서로 다른 형의 꽃들의 교배에서는 종자가 잘 생기지만 같은 형의 꽃에서는 인공적으로 수분하더라도 종자가 잘 생기지 않는다.

화총(花叢) cluster : 꽃의 떨기

화피(花被) perianth: 악편과 화판을 총칭하여 화피라 하고, 악편과 화판이 동질동형일 때 화개(花蓋)라고도 한다. 수술 · 암술 및 기 타 화엽을 가지고 있는 꽃을 유화피라고 한다. 피자식물에서 흔히 볼 수 있으며 단자엽식물에 많고 나자식물에서도 볼 수 있다. 화피편은 엽서나 형태에 있어서 안쪽에 있는 것과 바깥쪽에 있는 것으로 구별되는데 바깥쪽을 외화피라 하고 안쪽을 내화피라고 하며 크기와 색깔, 그리고 모양이 약간 다르다. 그리고 악과 화관의 구별이 뚜렷한 것을 이화피화(異花被花)라 하고 구별이 안되는 꽃을 동화피화(同花被花)라고 한다.

찾아보기

〈한글 찾아보기〉

〈영문 찾아보기〉

철쭉

2009년 11월 20일 인쇄
2009년 11월 30일 발행

저자 _ 이정식
발행자 _ 박선진
북디자인 _ 김영욱
발행처 _ 도서출판 월드사이언스
주 소 _ 서울특별시 서초구 방배4동 864-31 월드빌딩 1층
등록일자 _ 1987년 12월 14일
등록번호 _ 16-1601
TEL _ (02) 581-5811~3
FAX _ (02) 521-6418
URL _ http://worldscience.co.kr
E-mail _ worldscience@hanmail.net

정 가 _ 20,000원
ISBN _ 978-89-5881-093-3

이도서의 국립중앙도서관 출판시도서목록(CIP)은 e-CIP 홈페이지
(http://www.nl.go.kr/cip.php)에서 이용하실 수 있습니다.
(CIP제어번호: CIP2009003672)